FRIEDEMANN BÜTTNER
INGE KLOSTERMEIER

Ägypten

VERLAG C.H. BECK MÜNCHEN

Mit 2 Karten und 12 Abbildungen
von Friedemann Büttner und Benjamin Legde (Abb. 1)

Die Deutsche Bibliothek – CIP-Einheitsaufnahme

Büttner, Friedemann:
Ägypten / Friedemann Büttner ; Inge Klostermeier. –
Orig.-Ausg. – München : Beck, 1991
(Beck'sche Reihe ; 842 : Aktuelle Länderkunde)
ISBN 3-406-35162-X
NE: Klostermeier, Inge:; GT

Originalausgabe
ISBN 3 406 35162 X

Einbandentwurf von Uwe Göbel, München
Umschlagbild: Friedemann Büttner

Gesamtherstellung: Appl, Wemding
Printed in Germany

Inhalt

Unserem ägyptischen Freund
Aladin Hilmi
1956–1991

Vorbemerkung

Nur Orientalisten werden die Unzulänglichkeit unserer Umschrift von arabischen bzw. ägyptischen Wörtern voll genießen können. Immerhin werden sie jedes Wort und jeden Namen wiedererkennen; und um das Wiedererkennen geht es uns bei jenen Lesern, an die sich dieses Buch vor allem wendet. Sie sollen Namen in der Form wiederfinden, wie sie sie als Zeitungsleser kennen – obwohl auch da allein schon der arabische Artikel in mehrerlei Gestalt daherkommt: Neben *al*-Sadat, *as*-Sadat und *El* Sadat findet sich *el*-Sadat, wofür wir uns entschieden haben.

Bei Eigennamen folgen wir der gebräuchlichsten Umschrift, bei Namen von Autoren der Schreibweise ihrer Übersetzer – auch wenn dann gelegentlich ein und derselbe arabische Buchstabe in zwei Formen auftaucht. Im übrigen orientieren wir uns an einer vereinfachten englischen Umschrift, die auf alle Sonderzeichen verzichtet und dem Lautwert in der Aussprache ziemlich nahekommt. Deswegen geben wir jenen Buchstaben, der im Arabischen wie „dsch“ im Anlaut von *jazz* klingt, mit „j“ wieder und schreiben für den „Heiligen Krieg“ nicht *dschihad*, sondern *jihad*. Wo derselbe Buchstabe im ägyptischen Dialekt wie „g“ ausgesprochen wird, folgen wir dieser Aussprache, etwa beim Vornamen des früheren Präsidenten Gamal Abdel Nasser – dessen Nachnamen man im übrigen auch als Abd el-Nasser, Abdulnasser oder 'Abd an-Nasir finden kann ...

* * *

Für wertvolle Anregungen und kritische Einwände möchten wir ganz herzlich Adel el-Gayar, Gudrun Krämer, Hans Günter Lobmeyer, Günter Meyer, Jürgen Rogalski, Reinhard Schulze, Fritz Steppat und Bassam Tibi danken.

Einleitung

Wer hat nicht schon als Kind davon geträumt, einmal im Leben vor den Pyramiden zu stehen? Moderne Massenverkehrsmittel und eine weltweite touristische Infrastruktur machen es heute einfach, Träume zu verwirklichen – oder sie zu verlieren. Da besteigen wir nun eines Tages ein Flugzeug, tauchen ein in unseren Traum – und finden uns vier Stunden später in einer Welt wieder, deren rauhe Wirklichkeit für Träume kaum geeignet ist, weder für Touristen noch für Einheimische.

Erste Szene: Am nächsten Morgen stehen wir verloren vor unserem Mittelklassehotel in Kairos Innenstadt, scheuen uns vor dem ersten Schritt in die dicht gedrängte Menschenmenge und den ohrenbetäubenden Verkehr. Irgendwie schaffen wir es, uns zum Hauptplatz durchzuschlagen, geraten dort vor dem Ägyptischen Museum in einen Rummel aus Touristen, fliegenden Händlern, sich andienenden Taxifahrern, wild rangierenden Reisebussen – und flüchten uns erst einmal zu einer Verschnaufpause in die Hilton-Cafeteria, den letzten Ort, der uns vorgeschwebt hätte. Kairo – eine verzaubernde Stadt?

Zweite Szene: Von einer Brücke blicken wir auf den Nil. Auch er war ein Bild in unserem Traum – dieser lange, wilde, fruchtbarkeitspendende Strom aus dem Herzen Afrikas. Gezähmt von Dämmen, Brücken und Uferbefestigungen und zu beiden Seiten eingerahmt von den Hochhäusern des modernen Kairo und mancher Notunterkunft aus Pappe und Wellblech, schiebt sich das Wasser träge und schmutzig gen Norden.

Dritte Szene: Endlich zu den Pyramiden! Verwirrt sehen wir die berühmten Bauten plötzlich unmittelbar hinter Häusern auftauchen, hatten wir sie uns doch erhaben mitten in der Wüste vorgestellt. Kein Foto zeigt, wie sich das früher unbebaute Gebiet entlang der Straße zu den Pyramiden in atemberaubender Geschwindigkeit mit illegal errichteten Wohnblocks gefüllt hat.

Auch unser Taxifahrer fährt uns gleich an den Pyramiden vorbei in die Wüste zum Panorama-Plateau, von wo aus die Pyramiden am fotogensten seien. Dort warten bereits vier Busse auf ihre ausgeschwärmten Insassen, und auch wir schießen zähneknirschend *das* Ägypten-Foto schlechthin.

Vierte Szene: Auf dem Platz vor der großen Cheops-Pyramide empfangen uns neben lärmenden Touristen Scharen aufdringlicher Händler. Nein, wir wollen kein Getränk, keine Reitgerte, keinen Blechschmuck, kein verwegenes Beduinen-Tuch für den Kopf und erst recht kein Foto von uns selbst, auf einem Kamel sitzend. Genervt wenden wir uns dann der schier endlosen Warteschlange vor dem Eingang in die Cheops-Pyramide zu ... Aus der Traum?

So oder so ähnlich mag es schon manchem Ägypten-Reisenden ergangen sein, und durchaus auch jenen, die sich behütet in einer Gruppe bewegten und vom Reiseleiter auf bestimmte Situationen vorbereitet waren. Vorprogrammiert wird die Frustration nämlich nicht nur durch unangemessene eigene Erwartungen, sondern auch durch das Bild, das viele Reiseunternehmen vom Gastland zeichnen: Danach ist Ägypten ein Land, in dem sich entlang des Nils wie an einer Perlenschnur eine pharaonische Sehenswürdigkeit an die andere reiht. Wenig mehr. Vielleicht noch ein bißchen Tausendundeine Nacht. Land und Leute dienen nur als herrliche Kulisse und exotisches Beiwerk; soziale und wirtschaftliche Probleme bleiben weitgehend ausgeklammert; negative Folgen des Tourismus werden verschwiegen.

Bevölkerungsdichte, Wohnungsnot, Verkehrschaos, Umweltverschmutzung ... – Probleme einer Metropole, der größten Afrikas und des gesamten Vorderen Orients. Selbst der bestbehütete und ausschließlich auf das alte Ägypten fixierte Tourist wird sich der kritischen Gegenwart nicht ganz verschließen können. Nur: Wie geht er damit um? Wird er seine Vorurteile bestätigt sehen von *den* Entwicklungsländern, *den* Arabern, *den* Muslimen? Wird ihm Ägypten als ein Land erscheinen, das sich in ständigem Rückschritt befindet – von der blühenden Hochkultur der Antike zum hoffnungslosen Entwicklungsland von heute?

Der Tourist steht hier nur als ein Beispiel für viele. Immerhin stellen Touristen mit zweieinhalb bis drei Millionen Menschen pro Jahr, von denen gut die Hälfte aus westlichen Ländern kommt, die große Mehrheit der Ägypten-Besucher. Nicht viel besser allerdings mag es Besuchern ergehen, bei denen der touristische Aspekt nicht im Vordergrund steht: Geschäftsleuten, Journalisten, Ägyptologen, Studenten, Entwicklungshelfern und Experten – alle haben ihre Träume, Erwartungen und beruflichen Aufgaben und müssen sich in ihrem Bereich zurechtfinden. Und jeder wird ein anderes Ägypten erfahren – je nach Vorwissen und dem Zweck seines Aufenthalts und je nach dem Maß, wie er sich auf Land und Leute einläßt. Der eine wird bald kurz vor einem Nervenzusammenbruch stehen, der andere ein liebenswertes und lebensfrohes Land entdecken, in dem er sich wohl fühlt.

Wir, die Autoren dieses Buches, reisen seit vielen Jahren nach Ägypten – und ebensolange reiben wir uns an diesem faszinierenden und zugleich spannungsgeladenen Land: Wir mögen die Ägypter, die in der Mehrzahl freundlich, spontan und humorvoll sind. Auch begeistern wir uns stets aufs Neue an den krassen Gegensätzen der Landschaft und an den Kulturgütern aus pharaonischer, koptischer und islamischer Zeit. Und selbst mit dem Kairener Chaos haben wir uns gut arrangiert nach der Devise der fliegenden Händler: „Eile mit Weile!". Aber gerade weil wir das Land mögen, sind wir über Geldschneiderei, Bürokratismus und Vetternwirtschaft verbittert, sorgen wir uns über politische Entwicklungen und religiösen Extremismus, verzweifeln wir an der Arroganz und der protzigen Selbstdarstellung neureicher Ägypter angesichts des sozialen Elends so vieler ... „Unser" Ägypten ist ein Land voller Widersprüche.

Viele Probleme sind hausgemacht – da gibt es nichts zu beschönigen. Gewichtige andere dagegen haben ihren Ursprung außerhalb Ägyptens und können von Ägypten kaum aus eigener Kraft gelöst werden. Auf solch äußere Einflüsse gehen nicht nur Probleme zurück, die eine Hinterlassenschaft der Kolonialzeit sind wie etwa die Folgen einer behinderten Industrialisierung. Kaum beeinflussen kann Ägypten auch mögliche Folgen seiner gegenwärtigen Außenabhängigkeit, das heißt: seiner Abhängigkeit von unsicheren Devisenquellen wie Erdöl, Tourismus, Suezkanal und ägyptischen Gastarbeitern. Zudem muß sich Ägypten den Spielregeln einer Weltwirtschaftsordnung beugen, die die reichen Staaten begünstigen und den armen wenig Chancen lassen. So sehr Ägypten sich auch ökonomisch entwickeln mag – es wird doch auf absehbare Zeit ein Entwicklungsland bleiben.

Es wäre schön, wenn dieses Buch seinen Leserinnen und Lesern Ägypten verständlicher machen könnte – in seinem wechselvollen Kampf um weniger Abhängigkeit, seinen wirtschaftlichen und sozialen Problemen, seiner kulturellen Eigenart. Es wäre noch schöner, wenn es Besucher motivieren könnte, sich offen auf das Land und seine Menschen einzulassen. In diesem Sinne: Achlan wa-sachlan fi Misr! Herzlich willkommen in Ägypten!

1. Immer mehr Menschen auf immer weniger Land

Ägypten ist knapp dreimal so groß wie das vereinte Deutschland, hat weniger Einwohner – und ist dennoch eines der dichtest besiedelten Länder der Erde: Über 96% des Territoriums sind Wüste; der kleine Rest macht das eigentliche Ägypten aus, eine schmale Flußoase inmitten der Sahara. Schon die alten Ägypter sprachen vom „schwarzen" und vom „roten" Land und meinten damit die dunkle Erde des fruchtbaren Niltals und seine wüstenhafte Umgebung. Dieser Gegensatz gilt bis heute, aber anstelle der wenigen Millionen Menschen in pharaonischen Zeiten drängen sich Anfang 1991 56 Millionen auf engstem Raum. Sie alle müssen mit Nahrung, Unterkunft, Arbeitsplätzen sowie physischer und sozialer Infrastruktur versorgt werden – eine Sisyphus-Aufgabe, die nicht zuletzt durch das wachsende Mißverhältnis zwischen Einwohnerzahl und Kultur- und Siedlungsland zunehmend schwieriger wird: Während sich die Bevölkerung derzeit alle acht Monate um eine Million vermehrt, geht gleichzeitig wertvolles Ackerland durch illegalen Wohnungsbau verloren, schreiten kostspielige Projekte in der Wüste zur Neulandgewinnung und Dezentralisierung des Siedlungsraums zu langsam voran. Für immer mehr Menschen bleibt daher immer weniger Land.

Jede ägyptische Regierung muß sich daran messen lassen, inwieweit sie dazu beiträgt, dieses Grundproblem zu bewältigen. Aber so wichtig Neulandgewinnung, eine bessere Nutzung des vorhandenen Bodens sowie eine aktive Bevölkerungspolitik in diesem Zusammenhang sind – letztlich kann Ägypten doch nur durch massive Industrialisierung hoffen, eine hinreichende Zahl von Arbeitsplätzen zu schaffen und das notwendige Produktivitätswachstum zu erreichen. Angesichts der Organisations- und Finanzprobleme deutscher Kommunen, die Ende der 80er Jahre mit der vergleichsweise geringen Anzahl von Aus- und

Übersiedlern völlig überfordert schienen, wird wohl am ehesten deutlich, welch ungeheure Aufgabe auf Ägypten lastet.

Das Land und seine natürlichen Ressourcen

Ägypten liegt in der Nordostecke des afrikanischen Kontinents inmitten des subtropischen Trockengürtels, der von der Westküste Afrikas bis nach Innerasien reicht. Die Grenzen des Landes bilden im Norden das Mittelmeer, im Osten Israel und das Rote Meer, im Süden der Sudan und im Westen Libyen. Die größte Nord-Süd-Ausdehnung beträgt 1025 km, die größte Ost-West-Ausdehnung 1240 km. Von den ziemlich genau eine Million km^2 Gesamtfläche entfallen nur 35 000 km^2 oder 3,5% auf Kultur- und Siedlungsgebiet.

Ägypten gliedert sich in fünf Landschaften: Die *Westliche Wüste* nimmt drei Viertel des Landes ein und verkörpert vor allem im Grenzgebiet zu Libyen mit ihren unpassierbaren Dünenzügen die Sandwüste schlechthin. Aber auch kleinere Dünen, sowie Felsen, Steine und Kiesel bedecken dieses etwa 300 m hoch gelegene Kalk- und Sandsteinplateau, das nach Süden auf bis zu 1000 m ansteigt und in das die Oasen Kharga, Dakhla, Farafra, Bahariya, Siwa, Faiyum und das Wadi Natrun eingelassen sind. Tiefste Depression ist die Kattara-Senke mit 136 m unter dem Meeresspiegel.

Gebirgig und mit tief eingeschnittenen Tälern und Wadis stellt sich dagegen die *Arabische Wüste* im Osten dar, besonders in Küstennähe, wo zwischen Kalk- und Sandstein das granitene Grundgebirge sichtbar wird. Ein 2000 m hoher Zug aus Granit, Gneis und Schiefer säumt daher den bei derselben Aufwölbung entstandenen Grabenbruch des Roten Meers. – Die Halbinsel *Sinai* greift schon nach Asien hinüber und bietet eine abwechslungsreiche Wüstenlandschaft von der flachen Sandregion im Norden über die Schichtstufenlandschaft im Inneren bis zum grandiosen Grundgebirge an der Südspitze. 2639 m hoch erhebt sich der höchste Berg, der Katharinenberg, 2285 m der heilige Mosesberg.

Abb.1: Ägypten ist ein Geschenk des Nils. Von Feldern gesäumt, zieht der Fluß breit – wie hier in Mittelägypten – gen Norden. Nur wenige Meter sind Fruchtland und Wüste voneinander getrennt.

Für Ägypten sind die drei Wüstengebiete durch ihre Bodenschätze sehr wichtig, als Siedlungsraum jedoch derzeit noch ungeeignet. Mit zunehmender Dichte von Ober- nach Unterägypten ballt sich die Bevölkerung weiterhin im *Niltal* und im *Delta*, den klassischen Siedlungsgebieten. Auf einer Länge von 1200 km durchschneidet der Nil von Süden nach Norden das Wüstenplateau der Sahara und bewässert die 1–25 km breite Talsohle sowie das bis zu 250 km breite Delta. Der bei den jährlichen Überschwemmungen vor allem aus Äthiopien mitgeführte Schlamm aus Feinsand, Schluff und Ton lagerte sich durch die Jahrtausende zu einer 8–10 m mächtigen Schicht an den Ufern ab. Aufgrund dieser fruchtbaren Alluvialböden ließen sich schon in prähistorischer Zeit die ersten Siedler im Niltal nieder.

Ägyptens Lebensbasis ist der Nil – mit 6825 km von den Quellen des Kagera im Südwesten des Viktoria-Sees bis zum Mittelmeer der längste Fluß der Erde. Nachdem er den Viktoria- und Albert-See durchquert hat, tritt er im Ostsudan in die Sumpflandschaft des Sudd ein, wo er sich bei minimalem Gefälle in zahllose Adern verliert und wo die Hälfte seines Wassers verdunstet. Nach Viktoria-, Albert- und Berg-Nil heißt er im weiteren Verlauf Weißer Nil. Mit dem Sobat erhält er einen ersten Zufluß aus dem Hochland von Äthiopien. Für Ägypten schicksalsbestimmend ist allerdings der Blaue Nil, der bei Khartum im Sudan alljährlich die wasser- und schlammreiche Flut zuführt. Während der 3000 km langen Strecke zum Mittelmeer nimmt der Nil nur noch den Atbara auf. Danach überwindet er vier Katarakte, speist den durch den Assuan-Damm aufgestauten Nasser-See, der sich weit in den Sudan hinein erstreckt, und erreicht am 1. Katarakt Assuan. Durch Schleusen reguliert und in zahllose große und kleine Bewässerungskanäle umgeleitet, fließt er von hier an durch den fruchtbaren Teil Ägyptens. Statt der sieben Mündungsarme des Deltas im Altertum gibt es heute nur noch die beiden von Rosette (Raschid) und Damiette (Dumyat).

Der Nil ist Ägyptens wichtigste natürliche Ressource. Darüber hinaus verfügt das Land über vielfältige Bodenschätze, die jedoch noch wenig erschlossen sind, obwohl seit Jahrzehnten

Eisen- und Manganerze, Phosphat, Erdöl sowie Salz, Steine und Erden für die Industrie abgebaut werden. Wirtschaftlich bedeutend sind neben Erdöl vor allem die Eisenerzlager in der Oase Bahariya sowie der Phosphatabbau bei Safaga am Roten Meer und in der Oase Kharga. Das Eisenerz wird in den Hochöfen von Heluan verhüttet. Weitere, meist noch unausgebeutete Bodenschätze sind Kohle auf dem Sinai, Asbest, Buntmetalle, verschiedene Mineralien sowie Titan- und Uranerz. Hauptproblem für die wirtschaftliche Entwicklung war und ist die Energieversorgung. Zwar werden etwa 28% des Strombedarfs aus den Stauanlagen des Nils gewonnen, doch bei mehrjährigen Niedrigfluten wie in den 80er Jahren droht die Stillegung der Turbinen und damit eine dramatische Versorgungslücke.

Umso bedeutsamer sind daher die ergiebigen Erdölvorräte im Golf von Suez und im südlichen Sinai (Förderung 1989: 43 Mio. t; vgl. auch Kap. 6). Große Erwartungen knüpfen sich an jüngste Funde und weitere Bohrungen in der Westlichen Wüste. Trotz seiner hohen Produktion kann Ägypten von den gegenwärtigen Fördermengen nur zwischen einem Drittel und der Hälfte exportieren, da der Eigenverbrauch ständig steigt. Pessimistische Prognosen sagen für die Jahrhundertwende sogar Nettoimporte von Erdöl vorher. Angesichts dieser kritischen Versorgungslage rückte im letzten Jahrzehnt eine alternative Energiequelle in den Vordergrund, die lange in Konzessionsverträgen kaum beachtet worden war: das Erdgas. Immer mehr Kraftwerke werden mit Erdgas betrieben, und zahlreiche Fabriken, besonders in der Düngemittel- und Ziegelproduktion, haben von Öl auf Gas umgestellt.

In einem Land, das fast ausschließlich aus Wüste besteht und dessen knappes Kulturland zu den dichtest besiedelten und intensivst genutzten Regionen der Welt zählt, bleibt für natürliche Vegetation oder Zierpflanzen sowie für größere wild lebende Tiere kaum noch Platz. Jedes Fleckchen fruchtbaren Bodens wird bewässert und mit Nutzpflanzen bebaut (vgl. Kap. 5); Wälder fehlen ganz, doch begleiten hohe Dattelpalmenhaine die Nilufer. Weit verbreitet sind verschiedene Akazien- und Mimosenarten, Eukalyptus, Flammenbäume, Tamarisken, Bougainvillea, Oleander und Feigenkakteen. Als Wind- und Sandschutz um die Felder und zur Aufforstung werden schnellwüchsige, anspruchslose Kasuarinen gepflanzt. Obstbäume, Bananenstauden und Weinreben gedeihen besonders gut im gemäßigten Klima des Faiyum. Nur die trockenheitsresistenten Pflanzen in den Wüstengebieten zählen zur einheimischen Vegetation sowie in den Wadis der Arabischen Wüste Akazienbäume und -büsche, Tamarisken und nach den seltenen Regenfällen eine kurzlebige Krautvegetation, die die Wüste dann plötzlich grün werden läßt.

Mangels natürlichen Weidelandes ist die Viehzucht im Niltal beschränkt. Zwar haben sich im Nordwesten Ägyptens und auf dem Sinai nomadische Wirtschaftsformen erhalten; deren gesamtwirtschaftliche Bedeutung ist jedoch gering. Erst in den letzten Jahren wird erfolgreich Intensivtierhaltung, v.a. Rinderzucht, betrieben, seit die Nachfrage nach Fleisch ständig wächst. Wasserbüffel dienen meist als Zugtiere, Esel und Dromedare als Lastträger; weitere Haustiere sind Pferde, Ziegen, Schafe, Federvieh und Tauben. Freilebend ist nur die Vogelwelt interessant: kleine Raubvögel, Milane, Silber- und Kuhreiher und Wiedehopfe. Nilpferde und Krokodile gibt es nur noch auf altägyptischen Wandgemälden; Lotos und Papyrus werden inzwischen allerdings wieder angebaut.

Pro Jahr eineinhalb Millionen Menschen mehr

Ägyptens Bevölkerungsdichte mit 1600 Einwohnern/km^2 – bezogen auf das Kulturland – gehört zu den höchsten der Welt: Die 56 Millionen Menschen drängen sich auf einer Fläche, die etwa der Größe Baden-Württembergs entspricht. Die Zuwachsraten sind atemberaubend: Lebten um 1800 nur 2,5 Millionen Menschen im Niltal, werden es bis zur nächsten Jahrhundertwende an die 70 Millionen sein, denn bei vielen Eltern aus unteren Schichten gilt eine zahlreiche Kinderschar noch immer als die beste Altersversorgung. Erst wenn sich die Einkommenssituation für die breite Bevölkerung und zugleich das staatliche Fürsorgesystem verbessern, wird auch langfristig die Geburtenziffer sinken. Die hohen Zuwachsraten von beinahe 3% sind seit Ende der 70er Jahre jedoch rückläufig.

In mancher Hinsicht ist Ägypten ein „typisches" Entwicklungsland: Mit 40% junger Menschen unter fünfzehn Jahren ist deren Anteil an der Bevölkerung sehr groß. Dagegen machen die über 65jährigen nur 4% aus, obwohl sich die Lebenserwartung durch bessere medizinische Versorgung bereits stark erhöht hat. Bald wird zudem die Hälfte der Bevölkerung in Städten leben, wenn sich die Entwicklung der letzten Jahrzehnte fortsetzt. Schon aufgrund der extremen geographischen Bedingungen sind Lebensraum und Arbeitsmarkt in ländlichen Gebieten eingeengt. Verfehlte Agrarpolitik und vernachlässigte Strukturplanung förderten aber zusätzlich die Landflucht. Angelockt von den städtischen Verdienstmöglichkeiten, den besseren Unterkünften oder Bildungschancen verließen verarmte Kleinbauern und Landarbeiter ihre Dörfer auf der Suche nach einem besseren Leben. Hauptziel waren zunächst die Wirtschaftszentren Kairo und Alexandria. Wer dort keine feste Arbeit fand, blieb trotzdem und versuchte sich im informellen Dienstleistungssektor durchzuschlagen.

Im letzten Jahrzehnt verlagerte sich jedoch der Migrationsstrom zunehmend in die Golfstaaten mit ihren attraktiveren Arbeitsangeboten, während des iranisch-irakischen Krieges in großem Umfang auch in den Irak. Millionen ägyptischer Gastarbeiter brachen ins arabische Ausland auf. Dadurch wurden die Städte zumindest vorübergehend entlastet und die heimische Wirtschaft vor allem in den strukturschwachen Herkunftsgebieten der Arbeitsmigranten durch ihre Überweisungen und Investitionen belebt. Mit sinkenden Öleinnahmen in den Golfstaaten ging die Migration ab Mitte der 80er Jahre bereits allmählich zurück, ehe dann das Ende des irakisch-iranischen Krieges und die Kuwait-Krise eine massive Rückwanderung auslösten (vgl. Kap. 5 und 6).

Der Zuzug besonders in die Hauptstadt hat sich seit einiger Zeit auch dadurch verlangsamt, daß landesweit die Zahl der Großstädte mit ähnlichen wirtschaftlichen Vorteilen angewachsen ist. Darüber hinaus wurde in den 70er Jahren ein Prozeß der Dezentralisierung eingeleitet: Außerhalb des kostbaren Fruchtlandes im Umkreis von bis zu 100 km um Kairo sollen neue Städte Wohnraum und Arbeitsplätze für jeweils eine halbe Million Menschen bieten. Das Planungskonzept sieht sechs Städte vor, deren Aufbau in el-Aschir min Ramadan (10. Ramadan) auf halber Strecke nach Ismailiya am weitesten fortgeschritten ist.

Im Gegensatz zu fast allen anderen Staaten des Orients und Afrikas ist Ägypten nicht zusätzlich von ethnischen Problemen belastet. Die Bevölkerung besteht überwiegend aus den arabisierten Nachkommen der alten Ägypter, die ihrerseits schon beeinflußt waren von früheren Eroberern. Ausnahmen bilden die dunkelhäutigen hamitischen Nubier und die Nomaden, die meist arabischer Herkunft sind. Der ursprüngliche Siedlungsraum der Nubier ist heute vom Nasser-See bedeckt, so daß jene, die auf ägyptischem Staatsgebiet lebten, bei Kom Ombo in Oberägypten neu angesiedelt wurden. Nur noch wenige der 250 000 Beduinen ziehen mit ihren Kamelherden durch die Wüstengebiete; die meisten sind in der nordwestlichen Küstenregion seßhaft geworden oder verdingen sich – zumindest saisonal – in der Öl- und Bauwirtschaft.

El-Qahira – die Siegreiche

„Mutter der Welt“ nennt sie der Volksmund. Zwischen „liebenswertem Chaos“ und „Alptraum“ bewegt sich die Berichterstattung ausländischer Journalisten. Arabischen Intellektuellen gilt sie als kulturelles Zentrum der Region. Geschäftsleute sehen in ihr die moderne Metropole. Für viele ist sie noch immer *die* orientalische Stadt schlechthin ... Und alle meinen Kairo, dessen zahllose Facetten sich zu einem schillernden und überwältigenden Bild zusammenfügen.

Die Stadt hat viele Vorgängerinnen – vom altägyptischen Memphis über das griechisch-römische Babylon bis zu den arabischen Gründungen el-Fustat, el-Askar und el-Katai. Die strategisch günstige Lage an der Nahtstelle zwischen Niltal und

Abb.2: Blick auf Kairo über den Nil: Immer höher und markanter entwickelt sich die Skyline im modernen Geschäftszentrum Kairos. Welten scheinen zwischen hier und der Altstadt zu liegen ...

Delta ließ hier immer neue Stadtanlagen entstehen. Nach der Eroberung Ägyptens durch die schiitischen Fatimiden wurde 969 im Auftrag des Kalifen Muizz li-Din Allah nördlich der Vorläuferstädte der Grundstein des heutigen Kairo gelegt. Da sich just in diesem Augenblick der Planet Mars – arabisch: El-Qahir – am Firmament gezeigt haben soll, nannte ihr Gründer Gohar nach der Legende die neue Stadt El-Qahira, die „Siegreiche". Nomen est omen?

Gut tausend Jahre später hat sich Kairo mit elf Millionen Einwohnern zur größten Stadt im Nahen Osten und in ganz Afrika entwickelt. Hinzuzurechnen sind noch etwa zwei Millionen Pendler, die jeden Morgen aus dem Umland ins Zentrum strömen. Bis zum Jahr 2000 wird Kairo die fünftgrößte Metropole der Welt sein. Wohl niemand konnte dies vorhersehen, als 972 Muizz li-Din Allah in seine neue Residenz einzog, deren 150 Hektar von Mauern umgeben und für gewöhnliche Menschen nicht zugänglich waren. Zwei Jahrhunderte insgesamt glanzvoller Stadtgeschichte sollten folgen, die erst 1168 durch innenpolitische Machtkämpfe und durch die heranrückenden Kreuzfahrer unterbrochen wurden. Doch schon wenige Jahre später begann mit Sultan Saladin die Herrschaft einer neuen Dynastie, der die Stadt eines ihrer Wahrzeichen, die mächtige Zitadelle am Rande der Mokattam-Berge, verdankt.

Einen weiteren Höhepunkt erlebte das mittelalterliche Kairo im 14. Jahrhundert während der langen, wenn auch sehr wechselhaften Herrschaft der Mamluken (1250–1517). Zeiten der inneren und äußeren Bedrohung, der Hungersnöte und Pestepidemien wechselten mit Phasen der politischen Stabilität und des Wohlstands. Damals verlor Kairo den Charakter einer elitären Residenzstadt und wurde zur Drehscheibe des Handels zwischen Asien und Europa. Die Einwohnerzahl stieg auf schätzungsweise eine halbe Million Menschen, und zeitgenössische Reisende staunten über die im Vergleich mit europäischen Städten unvorstellbare Größe der Stadt und ihre prächtigen Moscheen und Paläste. Heute dagegen sind zahlreiche jener bewunderten Bauten bereits zerstört oder vom Verfall bedroht. Noch immer aber konzentriert sich entlang der einstigen fatimidischen Prachtstraße ein in der islamischen Welt einzigartiges Ensemble mittelalterlicher Baukunst.

Nach der osmanischen Eroberung 1517 war Kairo aus der Perspektive Istanbuls eine ferne Provinzhauptstadt. Der allmähliche Niedergang des Osmanischen Reiches ermöglichte jedoch zunehmende Eigenentwicklungen in den Provinzen, von denen auch Kairo profitierte, wo im 18. Jahrhundert neue Vororte gegründet wurden. Vor allem in der zweiten Hälfte des 19. Jahrhunderts erhielt Kairo dann durch den Khediven Ismail neue Impulse. Dieser ließ nach dem Vorbild von Paris westlich der

Altstadt jenen weiträumigen Stadtteil anlegen, in den mit der Kolonialisierung Ägyptens bald viele Europäer zogen und der heute das moderne Zentrum bildet. In jener Zeit stieg die Zuwanderung aus ländlichen Gebieten erstmals sprunghaft an.

600 000 Einwohner um 1900, zwei Millionen nach dem Zweiten Weltkrieg, sieben Millionen heute und im Verbund mit der Millionenstadt Giza und umliegenden Orten sogar elf Millionen. Bald jeder fünfte Ägypter lebt mittlerweile im Großraum von Kairo, dessen ursprüngliches Stadtgebiet auf der Ostseite des Nils sich längst auf das Westufer ausgedehnt hat und über Giza hinaus fortsetzt. Scheinbar grenzenlos schieben sich nach allen Richtungen Neubausiedlungen in Wüste und Fruchtland hinein. Während viele Metropolen der Dritten Welt von einem Ring von Elendsvierteln umgeben sind, scheidet diese Möglichkeit in Ägypten weitgehend aus. In der wasserlosen Wüste können Zuwanderer nicht überleben, und das Fruchtland ist viel zu wertvoll, als daß die Besitzer Squattersiedlungen zulassen würden. Deshalb drängten die Zuwanderer lange in die Zentren der Städte, wo es in ärmeren Stadtteilen zu einer beispiellosen Bevölkerungsdichte kam: In manchen Bezirken Kairos leben 50 000 bis 120 000 Menschen auf einem einzigen Quadratkilometer.

Allein 250 000 Menschen haben sich in den sog. Totenstädten im Osten Kairos zwischen den Grabmausoleen der Mamlukensultane niedergelassen. Und nicht einmal die schillernden Basarläden des Khan el-Khalili im Herzen der Altstadt können darüber hinwegtäuschen, daß auch sie zum übervölkerten Armenviertel verkommen ist, dessen Aufnahmekapazität seit Jahren gesättigt ist. Notunterkünfte zwischen historischen Ruinen und auf Hausdächern oder ein Leben mit der ganzen Familie in nur einem Raum sind keine Seltenheit. Vor allem die unerträgliche Wohnsituation läßt immer mehr junge Leute an den Stadtrand abwandern. Sinkende Bevölkerungsdichte im Kernbereich geht deshalb einher mit einer raschen Zunahme in den Außenbezirken.

Die dramatischen Wachstumsraten in Kairo sind vorerst gebrochen, und der jährliche Zuwachs bleibt sogar hinter dem landesweiten Durchschnitt zurück. Der Migrationsstrom ins arabische Ausland und, als Folge davon, höhere Einkommen und bessere Lebensbedingungen auf dem Land haben vorübergehend die Hauptstadt entlastet. Kairos Stadtplaner müssen die Zeit jedoch nutzen, denn auch verlangsamtes Wachstum bedeutet pro Jahr eine Viertelmillion Einwohner mehr.

In Kairo tobt ein Bauboom ohnegleichen, in dem der formelle Wohnungsbau bereits vom informellen überholt worden ist. Die Bauherren des formellen Sektors – Staat, Genossenschaften und Privatunternehmer – arbeiten behördlich genehmigt und decken mit Sozialwohnungen über Luxusappartements bis zu Eigentumswohnungen ein breites Spektrum ab – zumindest theoretisch, denn die Praxis zeigt Fehlentwicklungen. Mieterfreundliche Gesetze aus der Nasser-Zeit, vor allem staatlich festgelegte Niedrigmieten, führten nicht nur dazu, daß notwendige Instandhaltungsmaßnahmen unterblieben und ältere Gebäude in ruinösem Zustand sind. Sie führen bis heute dazu, daß hohe Schlüsselgelder gezahlt werden müssen, damit man überhaupt eine preiswerte Wohnung erhält. Nicht zuletzt aus diesen Gründen gehen viele junge Männer als Gastarbeiter in die reichen Ölstaaten, um sich vor ihrer Heirat ein Schlüsselgeld zu verdienen, das oft mehreren Jahresgehältern eines ägyptischen Durchschnittsverdieners entspricht.

Eigentumswohnungen dagegen sind vorhanden, für viele aber unerschwinglich, selbst wenn der Staat sie weit unter Marktwert anbietet. Umso mehr profitieren finanzkräftige Kapitalanleger, denen die preisgünstigen Immobilien hohe Gewinne versprechen – beim späteren Weiterverkauf versteht sich, denn eine Vermietung wäre unrentabel. Dasselbe passiert mit staatlich erschlossenem Bauland für Trabantenstädte und die Entlastungsstädte in der Wüste: Für wenig Geld zu langfristigen Konditionen gekauft, steigt der Bodenwert wie von allein in phantastische Höhen – auch ohne Bebauung. Als Folge dieses staatlich geförderten Spekulantentums stehen viele Wohnungen frei, bleibt Bauland ungenutzt.

Die Kehrseiten dieser Politik zeigen sich am informellen Wohnungsbau, der für immer mehr Menschen, vor allem aus unteren und mittleren Einkommensschichten, Wohnraum beschafft.

Kleine Parzellen fruchtbaren Bewässerungslandes am Stadtrand werden an Bauinteressenten verkauft und bilden den Ausgangspunkt einer neuen Siedlung. Was illegal, nämlich ohne Baugenehmigung, beginnt, wird notgedrungen vom Staat legalisiert, wenn einige Tausend Bewohner dort leben und dringend mit Infrastruktur wie Wasseranschluß, Elektrizität oder Schulen versorgt werden müssen. Zwei Drittel aller in den 80er Jahren errichteten Wohnungen in Kairo sind auf diese Weise entstanden – Wohnungen, die den üblichen Standards im formellen Sektor durchaus entsprechen.

Wohnraum, Verkehr, Infrastruktur – die Aufgabenliste der Stadtplaner ließe sich beliebig fortsetzen. So haben beispielsweise ägyptische Experten errechnet, daß täglich drei Millionen Arbeitsstunden durch Staus verlorengehen. Und dabei hat sich die Situation durch neue Hochstraßen und Nilbrücken und seit 1987 durch die Untergrundbahn, die erste auf afrikanischem Boden, bereits erheblich verbessert! Kairos Probleme zu beschreiben bedeutet nicht, in ein wehleidiges Klagelied einzustimmen und das Dynamische, das Lebendige, das Schöne und Liebenswerte dieser Stadt zu übersehen. Die Stadt hat eben viele Gesichter, in deren Vielfalt und auch Widersprüchlichkeit sich besonders kraß die Situation des ganzen Landes widerspiegelt. Wer Kairo nicht kennt, kann Ägypten nicht verstehen.

2. „Vierzig Jahrhunderte blicken auf euch herab!" ...

... soll Napoleon Bonaparte angesichts der Pyramiden seinen Soldaten zugerufen haben. Mit der Ägypten-Expedition der Franzosen, die eine heftige militärische Reaktion Englands auslöste, begann ein neues Kapitel in der ägyptischen Geschichte: Erstmals versuchten Europäer, die strategisch günstige Lage des Landes für ihre machtpolitischen Interessen zu nutzen.

Geschichte und Geographie sind selten in einem Land so eng miteinander verknüpft wie hier – von der Frühzeit bis in die Gegenwart. Damals wie heute bildet der Nil die Lebensader des Landes, wird die schmale Flußoase begrenzt von endlosen Wüsten, zwingt das Mißverhältnis von Frucht- und Ödland zu optimaler Nutzung des knappen Lebensraumes. Nur in diesem von der Natur vorgegebenen Rahmen wird die innere Entwicklung Ägyptens verständlich, genauso wie seine besondere strategische Lage als Brücke zwischen Afrika, Asien und Europa die Außenbeziehungen prägt: Dadurch konnte Ägypten schon zu pharaonischer Zeit zur bedeutenden Handelsnation und Großmacht aufsteigen. Auch heute ist seine zentrale Rolle in der Region unbestritten. Umgekehrt wird Ägypten aus denselben Gründen von der Antike bis zur Kolonialzeit Ziel verschiedenster Invasoren. Von den vierzig Jahrhunderten, die Napoleon zum Zeugen anrief, waren immerhin fast dreißig durch Fremdherrschaft bestimmt.

Das pharaonische Ägypten

Das alte Ägypten ist durch seine wüstenhafte Umgebung geschützt und isoliert. Aber es bleibt nicht unbeeinflußt von den vier Welten, die es berühren: die Wüste Sahara, Schwarzafrika, der Vordere Orient und der Mittelmeerraum. Lebensbestimmend ist der Rhythmus des Nils, der mit seinen jährlichen Schlammablagerungen das Niltal zu einem der fruchtbarsten Gebiete der Erde gemacht hat. Zugleich zwingt er die Menschen, sich für ein funktionsfähiges Bewässerungssystem und die landwirtschaftliche Arbeit zu organisieren. Auf diese Weise entsteht schon früh ein zentralisiertes politisches System, das zur Grundlage einer der ältesten Hochkulturen der Menschheit wird.

5000–3000 v. Chr.	Im Delta leben bereits seßhafte Ackerbauern, während sich im oberägyptischen Niltal zunehmend Nomaden ansiedeln, die durch die fortschreitende Wüstenbildung aus den Savannengebieten vertrieben werden.
3000–2635 v. Chr.	Frühzeit, 1. und 2. Dynastie: Ober- und Unterägypten werden unter Pharao Menes vereinigt; Memphis wird die erste Hauptstadt.
2635–2135 v. Chr.	Altes Reich, 3.–6. Dynastie: König Djoser läßt sich als Grabmal eine Stufenpyramide errichten, den ersten monumentalen Steinbau der Welt. Die nun folgenden klassischen Pyramiden der Könige der 4. Dynastie, Snofru, Cheops, Chefren und Mykerinos, sind Ausdruck einer uneingeschränkten königlichen Machtfülle, die unter den Nachfolgern allmählich abnimmt. Zugeständnisse an Gaufürsten schwächen den zentralisierten Beamtenstaat, der seine Aufgaben – Bewässerung, Ernährung, Verteidigung – nicht mehr erfüllen kann. Mit dem Alten Reich zerbricht ein auf Ewigkeit ausgerichtetes Weltbild. Die sog. erste Zwischenzeit von der 7.–10. Dynastie ist eine Phase des geistigen und kulturellen Umbruchs.
2040–1650 v. Chr.	Mittleres Reich, 11.–13. Dynastie: Nach der erneuten Reichseinigung unter Mentuhotep II. wird das oberägyptische Theben politischer und kultureller Mittelpunkt. Den Herrschern des Mittleren Reiches gelingt es, den Provinzadel zu entmachten, die Oase Faiyum urbar zu machen und das goldreiche Nubien zu erobern. Um die Mitte des 17. Jahrhunderts dringen aus Vorderasien die Hyksos ein und besetzen während der sog. zweiten Zwischenzeit über 100 Jahre lang das Land. Sie führen Pferd und Wagen in Ägypten ein.
1551–1070 v. Chr.	Neues Reich, 18.–20. Dynastie: Nach der Vertreibung der Hyksos steigt Ägypten zu einer expandierenden Großmacht auf und erreicht während der 18. Dynastie seine größte Ausdehnung. Die Könige Thutmosis I. und Thutmosis III. erobern das abgefallene Nubien zurück und dringen über Palästina und Syrien bis zum Euphrat vor.

Unter Amenophis III. erreichen Macht und Reichtum Ägyptens einen letzten Höhepunkt, bevor der steigende Einfluß von Beamten und Priestern unter Amenophis IV.-Echnaton eine Staatskrise auslöst. Echnaton verlegt die Residenz ins mittelägyptische Amarna und erklärt den Kult des Sonnengottes Aton zur Staatsreligion. Sein Sohn Tutenchamun kehrt nach Theben zurück und setzt die alte Religion wieder ein.

In der 19. Dynastie werden die während der Amarna-Zeit abgefallenen Gebiete zurückerobert und Ramses II. gelingt der Friedensschluß mit den Hethitern. Als letzter großer König der 20. Dynastie besiegt Ramses III. zwar Libyer und Seevölker, doch das Reich verfällt durch Wirtschaftskrisen und Korruption.

1070–332 v. Chr. Spätzeit, 21.–30. Dynastie: Libyer, Äthiopen und Assyrer regieren als Fremdherrscher in Ägypten. Unter der einheimischen Dynastie von Sais erlebt das Land noch einmal eine kulturelle und wirtschaftliche Blüte, bevor Kambyses es erobert und zur persischen Provinz macht.

Hellenismus, Rom und Christentum

Fast 1000 Jahre lang wird das fruchtbare Ägypten von Griechen, Römern und Byzantinern beherrscht und ausgebeutet. Strenge Gesetze und eine kaum überwindbare soziale Kluft trennen einheimische Bevölkerung und ausländische Herrenschicht. Trotzdem erreicht Ägypten unter den Ptolemäern noch einmal einen letzten Höhepunkt seiner Macht und entwickelt sich Alexandria zum geistigen Zentrum der hellenistischen Welt. Griechische Könige und römische Kaiser stellen sich in die Tradition der Pharaonen, bauen Tempel und opfern ägyptischen Gottheiten. Zweifel an den eigenen Göttern und ein wachsender Kulturpessimismus fördern in hellenistisch-römischer Zeit die Verbreitung orientalischer Kulte. Unter diesen befriedigt gerade das Christentum die Heilssuche vieler Menschen, widerspricht mit seinem sektiererischen Anspruch auf die absolute Wahrheit allerdings dem Denken der antiken Welt. Trotz Phasen grausamer Verfolgung durch die römischen Kaiser setzt sich die christliche Lehre im Laufe des 4. Jahrhunderts endgültig durch. Ägypten als erstes

Abb.3: Nach altägyptischen Glaubensvorstellungen waren Götter, Kosmos und Menschen in einen Kreislauf aus Leben, Tod und Wiedergeburt eingebunden. Wie intensiv sich die Menschen auf das Jenseits vorbereiteten, zeigen farbenprächtige Malereien in den Gräbern von Königen und Noblen.

christianisiertes Land der Erde wird fortan vor allem durch Kirchenpolitik und theologische Auseinandersetzungen geprägt.

332–30 v. Chr. Alexander der Große nimmt Ägypten kampflos ein und gründet Alexandria. Nach seinem Tod zerfällt das Weltreich, das seine Feldherren unter sich aufteilen und wovon Ptolemaios Ägypten erhält. Unter den ersten drei Ptolemäern blüht das Land auf und entwickelt Alexandria sich zur reichen Handelsmetropole und zum Zentrum hellenistischer Wissenschaft und Kunst. In jener Zeit entstehen das prächtige Königsviertel mit der einzigartigen Bibliothek und der als Weltwunder gerühmte Leuchtturm, wird das Bewässerungssystem erweitert und im ganzen Land mit Tempelbauten begonnen.

Schwache Nachfolger können innere Unruhen, Korruption und fortschreitenden wirtschaftlichen Niedergang nicht bezwingen. Längst herrschen anarchische Zustände im Land, als die Römer Thronstreitigkeiten zwischen Königin Kleopatra und ihrem Bruder Ptolemaios XIII. zu einer Invasion benutzen. Kleopatra verbindet sich mit den römischen Machthabern Cäsar und Antonius, um ihre Großmachtpläne zu verwirklichen. Diese beendet Oktavian, der spätere Kaiser Augustus, als er in Alexandria einzieht und Ägypten zur römischen Provinz erklärt. Kleopatra nimmt sich das Leben.

30 v. Chr. –395 n. Chr. Rom macht Ägypten zum wichtigsten Getreidelieferanten des Reiches und zur Ausgangsbasis für den Handel mit Indien. Aufgrunds einer großen wirtschaftlichen und strategischen Bedeutung nimmt Ägypten zwar eine Sonderstellung unter den römischen Provinzen ein – die Ägypter selbst leben jedoch rechtlos und verarmt. Viele entziehen sich den harten Steuergesetzen durch Flucht.

Die rasche Verbreitung des Christentums in Ägypten verschärft die Gegensätze noch mehr. Anfängliche Übertrittsverbote steigern sich bald zu grausamen Christenverfolgungen, die 303 unter Kaiser Diokletian ihren Höhepunkt erreichen. Obwohl die Verfolgungen wenige Jahre später eingestellt werden, beruhigt sich die religiöse Situation endgültig erst unter Konstantin, dem ersten christenfreundlichen Kaiser. Nachdem Theodosius I. 389 das Christentum zur Staatsreligion erklärt hat, rächen sich die Christen bitter an den Heiden und ihren Kultstätten.

395–640 Durch die Teilung des römischen Reiches in Ost- und Westrom fällt Ägypten an Byzanz, was den alten ägyptisch-griechischen Gegensatz erneut aufleben läßt. Über ein Jahrhundert dauernde Auseinandersetzungen über das Wesen der Natur Christi werden 451 auf dem Konzil von Chalkedon gegen das Patriarchat Alexandrias zugunsten von Byzanz entschieden. Aus Protest spaltet sich die ägyptische Kirche mit ihrem monophysitischen Bekenntnis von der Reichskirche ab und isoliert sich zunehmend. Der politische und theologische Dauerkonflikt zwischen Ägypten und Byzanz endet mit dem Sieg arabischer Eroberer über die Byzantiner.

Das islamische Ägypten

Ägypten wird Provinz des riesigen islamischen Weltreiches und zunächst von Medina, später von Damaskus und Bagdad und während der osmanischen Herrschaft erneut von Byzanz aus, das dann allerdings Istanbul heißt, regiert – zumindest theoretisch. De facto walten meist mehr oder minder eigenständige Statthalter der Kalifen oder auch unabhängige Herrscher.

Der kulturgeschichtliche Einschnitt durch die arabische Eroberung ist tief, und nicht umsonst setzt die Forschung hier den Beginn des Mittelalters an: Kultur, Religion und Sprache der neuen Herren durchdringen das Land und legen den Grundstein des heutigen islamischen und arabisierten Staates. Die im 10. Jahrhundert gegründete Hauptstadt Kairo überflügelt in Kürze an Pracht und wirtschaftlicher Bedeutung alle anderen Städte des Landes und entwickelt sich zum wichtigen Träger islamischer Kultur. Gleichzeitig erbaut der Stadtgründer Gohar die Moschee el-Azhar, die älteste islamische Universität der Welt und bis heute das geistige Zentrum der Gläubigen.

Christliche Kreuzfahrer und die anfänglich noch ungläubigen Mongolen erschüttern im 12./13. Jahrhundert die islamische Welt und bedrohen auch Ägypten. Beide Gefahren können abgewendet werden: Saladin und seine Nachfolger bekämpfen erfolgreich die Kreuzritter, und die Mongolen werden bei dem Versuch, in Ägypten einzudringen, von den Mamluken zurückgeschlagen. Durch sie fällt Ägypten erneut eine politische und kulturelle Führungsrolle im Vorderen Orient zu, nachdem das abbasidische Kalifat unter dem Ansturm der Mongolen zusammengebrochen ist.

Seit Mitte des 9. Jahrhunderts stützen sich die Kalifen in Bagdad immer stärker auf türkische, zum Islam übergetretene Sklaven als Soldaten, die bald in höchste Militärränge und Staatsämter aufsteigen. Auf diese Weise kommen Türken auch ins Niltal – als Vize-Gouverneure wie Ibn Tulun und el-Ichschid oder als deren Soldaten und Leibgarden. Letztere, die sog. Mamluken, zu denen neben Türken auch ehemalige Militärsklaven aus dem Kaukasus und Schwarzafrika gehören, bestimmen schließlich Ägyptens Geschick vom 13. Jahrhundert bis in die Neuzeit, denn selbst die Eingliederung des Landes in das Osmanische Reich ändert wenig an ihrem Einfluß. Unter ihrer langen Herrschaft erlebt Ägypten Phasen der wirtschaftlichen und kulturellen Blüte, die unter anderem das Kairo des ausgehenden Mittelalters zu einem einzigartigen Sammelpunkt vielfältiger Formen und Ideen islamischer Kunst werden läßt, die noch heute das Bild der Altstadt prägen.

640–661 Als Provinz des islamischen Weltreiches wird Ägypten von der Zentralregierung in Medina zwar zu Geld- und Getreideabgaben verpflichtet, die innere Ordnung des Landes aber bleibt unangetastet. Auch wird die koptische Kirche toleriert.

661–750 Die Kalifen der Omaiyaden-Dynastie residieren in Damaskus. Unter ihrer Herrschaft wird Ägypten arabisiert und islamisiert: Araber siedeln im Niltal und ordnen die Verwaltung neu, Arabisch wird zur Amtssprache erklärt, der Übertritt zum Islam gefördert.

750–868 Unter den Abbasiden mit Residenz in Bagdad rückt Ägypten an die Peripherie des Kalifenreiches. Im allgemeinen wirtschaftlichen Niedergang steigt die der ägyptischen Bevölkerung auferlegte Steuerlast. Da sich an den landesweiten Protesten auch Kopten beteiligen, trifft besonders sie der Zorn der Staatsmacht. Vielen bleibt als einziger Ausweg aus den unerträglichen religiösen Diskriminierungen nur der Übertritt zum Islam. Gegen Ende des 9. Jahrhunderts ist Ägypten überwiegend muslimisch.

868–905 Der abbasidische Statthalter Ahmed Ibn Tulun sagt sich vom Kalifat los und fördert durch seine umsichtige, ganz an den Interessen Ägyptens orientierte Politik erfolgreich die einheimische Wirtschaft. Unter seinen Nachfolgern löst sich der Tuluniden-Staat bald wieder auf.

905–935 Ägypten wird wieder von kalifatstreuen Gouverneuren regiert. Kämpfe gegen die von Nordafrika tief nach Ägypten vordringenden schiitischen Fatimiden stürzen das Land erneut in ein wirtschaftliches Chaos.

935–969 Eine weitere selbständige Dynastie wird von Mohammed el-Ikhschid begründet, einem maßvollen, toleranten Herrscher, der den tulunidischen Wohlstand wieder aufleben läßt.

969–1171 Nach dem Tod des letzten Ikhschididen erobern die Fatimiden das Land und gründen im selben Jahr die Stadt Kairo. Ägypten erlebt in den ersten Jahrzehnten der fatimidischen Herrschaft den Höhepunkt seiner mittelalterlichen Geschichte. Schon unter dem religiösen Ekstatiker el-Hakim werden Zeichen der Schwäche im weiten Fatimiden-Reich sichtbar, das in der Folgezeit an innenpolitischen Machtkämpfen und der Bedrohung durch die Kreuzfahrer zerbricht.

1171–1250 Saladin löst die bedeutungslos gewordene Dynastie ab und fördert wieder die sunnitische Lehre. Eroberungszüge gegen

Syrien und Mesopotamien sowie die Befreiung der Heiligen Stätten von den Kreuzfahrern steigern seinen Ruhm. Die von Saladin begründete Aiyubiden-Dynastie setzt sein Regierungsprogramm fort, bis der letzte Vertreter von mamlukischen Offizieren ermordet wird.

1250–1517 Die Mamluken unterteilen sich in die nach dem Standort ihrer Garnisonen benannten Bahriten (bis 1382) und Burjiten. Die einen sind überwiegend Türken und Mongolen, die anderen Tscherkessen. Außenpolitisch sehr erfolgreich, verteidigen sie Syrien und Ägypten gegen die Mongolen, nehmen die letzten Bastionen der Kreuzfahrer ein und festigen insgesamt militärisch und diplomatisch ihren Machtbereich. Die innenpolitische Situation dagegen ist zwiespältig: Phasen erbitterter Machtkämpfe wechseln mit Zeiten der politischen Stabilität, Pestepidemien und Hungersnöte mit Phasen des Wohlstandes. Strukturelle Veränderungen im internationalen Handel und binnenwirtschaftliche Probleme schwächen gegen Ende des 15. Jahrhunderts die Stellung der Mamluken immer mehr. Den Eroberungszug der militärtechnologisch überlegenen Osmanen können sie nicht aufhalten.

1517–1798 Da das Osmanische Reich seit dem 16. Jahrhundert in einem ständigen Zweifrontenkrieg gegen europäische Mächte auf dem Balkan und gegen das safawidische Persien im Osten steht, wird Ägypten zur entfernten, wenn auch wirtschaftlich bedeutenden Randprovinz. Neben den von der Hohen Pforte entsandten Gouverneuren und der osmanischen Garnison herrschen de facto die Mamluken weiter, allerdings wie früher untereinander zerstritten. Erst als es Ali Bey in der zweiten Hälfte des 18. Jahrhunderts gelingt, die Mamluken zu einen, erlangen sie wieder eine breite Machtbasis. Auch wirtschaftlich nimmt Ägypten einen neuen Aufschwung mit engen Handelsbeziehungen nach Frankreich, Italien und England. Nach einem ersten Einbruch durch die Pestepidemie von 1781–84 beendet Napoleons Ägypten-Expedition die letzte Blüte mamlukischer Herrschaft.

Ägypten im Zeitalter des Kolonialismus

Napoleons Feldzug zieht Ägypten wegen seiner strategischen Lage in die machtpolitischen Auseinandersetzungen Europas hinein. Gut 150 Jahre dauert die damit beginnende Ära direkten europäischen Einflusses im Nilland. Die unmittelbaren Wirkungen sind äußerst zwiespältig: Zwar lösen sorgfältige landeskundliche, historische und kunstgeschichtliche Arbeiten französischer Forscher in Europa eine Welle der Ägypten-Begeisterung aus und begründen als neue wissenschaftliche Disziplin die Ägyptologie, die die geheimnisvolle Welt der Pharaonen eröffnet und Ägypten bald zu einem begehrten Reiseziel macht. Gleichzeitig aber werden wirtschaftliche und soziale Strukturen nachhaltig zerstört.

Nach dem Abzug der Franzosen gelingt es Mohammed Ali, das Land zu befrieden, die Wirtschaft wiederzubeleben und eine Phase tiefgreifender Reformen und Veränderungen einzuleiten. Geprägt von osmanischer Kultur, zugleich aber fasziniert vom europäischen Fortschritt, regiert er das Land im Stil eines aufgeklärten absolutistischen Herrschers. Späteren Nationalisten erschien er wegen seiner zahlreichen Neuerungen als der „Vater des modernen Ägypten".

Schon bald unter seinen Nachfolgern bahnt sich jene Entwicklung an, die knapp einhundert Jahre später zur Revolution der „Freien Offiziere" führt: hohe Staatsausgaben für ehrgeizige Reformprojekte, wachsende Verschuldung gegenüber ausländischen Gläubigern, Besetzung und Ausbeutung durch die Briten, verfehlte Wirtschaftspolitik, extreme Ungleichverteilung von Einkommen und Besitz. In jener Zeit werden auch die Weichen zu Ägyptens Unterentwicklung gestellt: Von den maßlosen Zinsforderungen der europäischen Finanzwelt wirtschaftlich ruiniert und von England an einem entwicklungsfördernden Strukturwandel gehindert, wird Ägypten zum weltmarktabhängigen Baumwoll-Lieferanten für die englische Industrie. Sämtliche profitablen Wirtschaftsbereiche werden von Ausländern kontrolliert, und selbst Ägyptens ehrgeizigstes Projekt, der Suezkanal, dient ausschließlich den Interessen der europäischen Handelsnationen.

Aus Protest gegen die Fremdbestimmung entwickelt sich ab dem ausgehenden 19. Jahrhundert ein neues Selbstbewußtsein im Land, das seinen Ausdruck im Nationalismus, aber auch in der islamischen Reformbewegung findet. Nach dem Ersten Weltkrieg wird Ägypten als konstitutionelle Monarchie formell unabhängig, kann aber die Kontrolle durch Großbritannien nicht abschütteln. Die ungelösten politischen, wirtschaftlichen und sozialen Probleme führen nach dem Zweiten Weltkrieg zu wachsenden Spannungen. Streiks, Demonstrationen und gewaltsame Anschläge auf englische Einrichtungen häufen sich.

1798–1801	Napoleon besetzt Ägypten, um England den kürzesten Land- und Seeweg nach Indien zu sperren. Lord Nelson durchkreuzt diesen Plan und versenkt die französische Flotte vor Abukir. Drei Jahre später erzwingen britisch-osmanische Truppen den Abzug der Franzosen aus Ägypten. Die folgenden Jahre werden von blutigen Auseinandersetzungen zwischen Mamluken-Faktionen und Osmanen überschattet. Mohammed Ali, der Kommandeur der albanischen Söldner im osmanischen Heer, gewinnt allmählich die Oberhand, wobei er finanziell und politisch zunehmend von den Kaufleuten Kairos unterstützt wird.
1805–1848	Mohammed Ali wird vom osmanischen Sultan zum Gouverneur von Ägypten ernannt und festigt 1811 seine Macht durch die Ermordung von 480 Mamluken. Mit der Hilfe europäischer Experten organisiert Mohammed Ali die Landwirtschaft neu, verstaatlicht den Außenhandel, vor allem den Baumwoll- und Weizenexport, leitet eine erste Industrialisierungsphase ein, reformiert die Verwaltung und baut eine schlagkräftige Armee auf. Mohammed Alis politisches Ziel ist die Unabhängigkeit Ägyptens unter einer eigenen Dynastie. Nachdem seine Armee für den osmanischen Sultan erfolgreich auf der arabischen Halbinsel und in Griechenland gekämpft sowie den Sudan erobert hat, wendet er sich schließlich 1830 gegen den Sultan selbst und erobert Syrien. Nach einem erneuten Sieg über das osmanische Heer 1839 erzwingt eine Koalition europäischer Mächte, die ihn als fähigen Erben des geschwächten Osmanischen Reiches fürchten, seinen Rückzug nach Ägypten. Als Ausgleich erhält Mohammed Ali die erbliche Statthalterschaft in Ägypten.
1848–1854	Abbas I., ein Enkel Mohammed Alis und dessen ältester lebender männlicher Nachkomme, mißtraut den Reformideen seines Großvaters, führt jedoch einige seiner Projekte weiter – obwohl er insgesamt den europäischen Einfluß reduziert.
1854–1863	Mohammed Said ist wie sein Vater Mohammed Ali sehr an Europa orientiert. Sein Hauptinteresse gilt dem Bau des Suezka-

nals – einem Projekt, das seine beiden Vorgänger aus Furcht vor einem Konflikt mit den Großmächten stets abgelehnt hatten. Said als Hauptaktionär der Suezkanal-Gesellschaft stürzt Ägypten in eine erste Finanzkrise.

1863–1879 Unter Mohammed Alis Enkel Ismail erlebt Ägypten zunächst einen neuen Entwicklungsschub. Mit Ismails Namen sind Bau und Eröffnung des Suezkanals verbunden, aber auch Staatsbankrott und Finanzkontrolle durch die Hauptgläubigerstaaten England und Frankreich. Um Schulden zurückzahlen zu können, verkauft Ismail 1875 die ägyptischen Suezkanal-Aktien an die britische Regierung und öffnet damit das Land massivem britischen Einfluß. Seit langem schon trachtet England nach der Kontrolle über den einst bekämpften Kanal, den es als lebenswichtig für die Verbindungswege des britisch-indischen Imperiums erkannt hat. Wegen seines Widerstandes gegen verschiedene Maßnahmen der internationalen Finanzverwaltung muß Ismail schließlich auf Druck der Großmächte zugunsten seines Sohnes Taufik abdanken.

1879–1892 Unter Taufik beruhigt sich die innenpolitische Situation nur vorrübergehend. Protest gegen den Einfluß der Europäer verbindet sich 1881 bei einer Militärrevolte unter Führung Ahmed Orabis mit Forderungen nach mehr politischen Beteiligungsmöglichkeiten und besseren Aufstiegschancen für ägyptische Offiziere.

1882 „Ägypten den Ägyptern!“ lautet eine Forderung der Militärs und ihrer zivilen Verbündeten. Die gegen den dominierenden ausländischen Einfluß gerichtete Forderung scheint die Gläubiger zu bedrohen und liefert England den willkommenen Anlaß, das Land „vorübergehend“ zu besetzen. Nominell autonome Provinz des Osmanischen Reiches, wird Ägypten de facto von England beherrscht.

1883–1914 Lord Cromer als erster britischer Generalkonsul orientiert sich vorrangig an den finanziellen Interessen der Gläubigerstaaten und am Baumwollbedarf Englands. Viele seiner Maßnahmen wie die Verbesserung der Infrastruktur und der Bau des ersten Assuan-Dammes 1902 dienen diesen Zielen.

1892–1914 Auch der neue Khedive Abbas II. Hilmi kann sich gegen die Besatzungsmacht politisch nicht durchsetzen. Er sympathisiert mit der Nationalbewegung, deren Anhängerschaft rasch wächst.

1914 Als die Türkei an der Seite Deutschlands in den Ersten Weltkrieg eintritt, erklärt England Ägypten zum Protektorat und unterstellt, unter Verletzung der Konventionen von Konstantinopel von 1888 und 1904, den Suezkanal seiner militärischen Kontrolle.

1914–1917 Die Briten setzen Abbas II. Hilmi wegen seiner Sympathien für ihre Kriegsgegner ab und proklamieren seinen Onkel Hussein Kamil zum ersten von der Hohen Pforte „unabhängigen" Sultan Ägyptens.

1917–1936 Sultan Fuad, ab 1922 König Fuad I., beginnt seine Regierungszeit in einer Phase starker nationalistischer Agitation. Als die Engländer einer Delegation (arab. *Wafd*) unter Saad Zaghlul verwehren, die ägyptischen Forderungen vor der Friedenskonferenz von Versailles zu vertreten, kommt es zu landesweiten Unruhen, der „Revolution von 1919". Deren nachhaltige Wirkung veranlaßt Großbritannien schließlich 1922, Ägypten für unabhängig zu erklären – nicht ohne sich sehr weitreichende militärische und politische Rechte zu sichern. Obwohl sich de facto wenig ändert, akzeptiert Fuad das britische Angebot.

1923 Ägypten wird konstitutionelle Monarchie. Bei den ersten Parlamentswahlen siegt der als Partei auftretende Wafd überwältigend. Unter Saad Zaghlul und nach seinem Tod 1927 unter seinem Nachfolger Mustafa Nahhas beherrscht die Wafd-Partei das politische Leben der nächsten 30 Jahre. Außenpolitisch gemeinsam mit dem König um die volle Souveränität Ägyptens bemüht, sind die innenpolitischen Gegensätze zwischen König und Wafd gravierend. Ständige parlamentarische Auseinandersetzungen zwischen Wafd und kleineren Parteien ermöglichen es Hofcliquen immer wieder, den bei korrekten Wahlen stets siegreichen Wafd aus der Regierung zu drängen.

1936–1952 Nachfolger auf dem Thron wird der junge Faruk. Nach jahrelangen Verhandlungen erkennt Großbritannien im Anglo-Ägyptischen Vertrag Ägypten weitgehende Souveränitätsrechte zu und zieht seine Truppen auf die Suezkanalzone zurück.

1939–1952 Im Zweiten Weltkrieg muß Ägypten wegen seiner Bündnisverpflichtungen aus dem Vertrag von 1936 wieder den Zustand eines de facto-Protektorats akzeptieren, obwohl es offiziell bis kurz vor Kriegsende neutral bleibt. Die anti-britische Stimmung im Land erreicht einen neuen Höhepunkt, als angesichts der deutsch-italienischen Offensive in Nordafrika England 1942 den König unter Gewaltandrohung zwingt, eine eher achsenfreundliche Regierung durch eine Wafd-Regierung zu ersetzen. In den Nachkriegsjahren erreicht die politische, wirtschaftliche und soziale Krise Ägyptens ihren Höhepunkt. Bevölkerungswachstum, Arbeitslosigkeit und Massenarmut führen zu großen sozialen Spannungen. Im jahrelangen Kampf um die äußere Unabhängigkeit des Landes haben die Politiker – überwiegend reiche Grundbesitzer und Angehörige der städtischen Oberschichten – den Ruf nach sozialer Gerechtigkeit nicht hören wollen. Diese ebenso wie die nationale Unabhängigkeit zu verwirklichen, treten die „Freien Offiziere“ an, die sich nach der demütigenden Niederlage der ägyptischen Armee im Palästina-Krieg gegen Israel 1948 organisiert haben. Nach ihrem unblutigen Staatsstreich wird Faruk zur Abdankung gezwungen und geht ins Exil.

Ägypten seit der Revolution

Ziel der „Freien Offiziere“ um Gamal Abdel Nasser ist es, die politische, wirtschaftliche und kulturelle Abhängigkeit Ägyptens zu überwinden. Dies gelingt anfänglich auch: Eine konsequent binnengerichtete Entwicklungspolitik mit zahlreichen verteilungspolitischen Maßnahmen erfüllt das dringende Bedürfnis nach sozialen Reformen. Spektakuläre außenpolitische Erfolge geben den Ägyptern ein neues Gefühl nationaler Würde.

Nach dem Abzug der britischen Truppen aus der Suezkanalzone und vor allem nach dem politischen Sieg in der Suez-Krise wird Nasser zu einer Symbolfigur des Anti-Kolonialismus und zum unbestrittenen Führer der arabischen Welt. Der „politischen Revolution“ folgt Nassers „soziale Revolution“ durch den „Arabischen Sozialismus“, der Wirtschaft und Gesellschaft tiefgreifend umgestalten soll. Die revolutionäre Aufbruchsstimmung weicht jedoch zunehmend Zweifeln an Nassers wirtschaftlichem und politischem Kurs. Mit der Niederlage der arabischen Staaten im Sechstagekrieg gegen Israel stürzt das neugewonnene Selbstbewußtsein der Araber in eine Krise, die jahrelang traumatisch nachwirkt.

Nassers Nachfolger Anwar el-Sadat will die stagnierende Wirtschaft durch eine „Politik der Öffnung“ nach Westen beleben. Westliche Kreditgeber und Investoren reagieren darauf jedoch erst dann positiv, als Sadat nach dem relativ erfolgreichen Oktober-Krieg Verhandlungsbereitschaft und Friedenswillen gegenüber Israel zeigt. Eine innenpolitische Liberalisierung stützt das Wirtschaftsprogramm ab. Wegen seiner

Abb.4: Lotos und Papyrus waren im alten Ägypten die Symbolpflanzen für Ober- und Unterägypten. In Stein gehauen vor dem Allerheiligsten des Karnak-Tempels, stehen sie für die politische Einheit des Landes.

Friedenspolitik im westlichen Ausland hoch angesehen, sieht sich Sadat im Inneren mit einer wachsenden Opposition konfrontiert, die sich gegen die wieder verschärfte soziale Ungleichheit und den zu großen westlichen Einfluß richtet.

Nach der Ermordung Präsident Sadats durch religiöse Fanatiker versucht sein Nachfolger Hosni Mubarak die durch die Öffnungspolitik verursachten gesellschaftlichen Probleme zu entschärfen. Wenn die Erfolge eher bescheiden sind, liegt dies auch an den immer engeren Handlungsspielräumen – am wachsenden Mißverhältnis zwischen Bevölkerung und nutzbarem Boden, an der nach wie vor geringen Konkurrenzfähigkeit der Industrie, an der hohen Außenabhängigkeit der Wirtschaft, an der erdrückenden Verschuldung, aber auch an der inzwischen fühlbaren Macht der Islamisten, die in Ägypten einen islamischen Staat errichten wollen. Seit der Revolution zwar endlich souverän, bleibt Ägypten als hochverschuldetes Entwicklungsland doch weiterhin abhängig von wirtschaftlich und technologisch überlegenen Staaten, deren Interessen Ägyptens politische Handlungsmöglich- keiten immer wieder einengen – von Nasser bis Mubarak.

1952 Am 23. Juli stürzt eine Gruppe von jungen Offizieren unter Führung von Oberstleutnant Gamal Abdel Nasser die Regierung. Bereits nach wenigen Wochen beginnen die „Freien Offiziere“ eine Landreform, die gegen die Großgrundbesitzer als Stützen des alten Regimes gerichtet ist. In den folgenden Monaten werden die Verfassung aufgehoben, Parlament und Parteien aufgelöst und schließlich die Republik ausgerufen. Vorsitzender des Revolutionsrates, Premierminister und später erster Präsident der Republik ist der angesehene General Mohammed Nagib. Treibende Kraft im Hintergrund und der eigentliche Führer der Revolution bleibt jedoch Nasser, der 1954 mit Nagib bricht und ihn in allen Ämtern ablöst.

1954 In einem Abkommen mit Großbritannien wird der Abzug der britischen Truppen innerhalb von 20 Monaten festgelegt.

1955 Nasser vertritt außenpolitisch den auf der ersten Konferenz der blockfreien Staaten in Bandung beschlossenen „Positiven Neutralismus“ und wird in der arabischen Welt zum Wortführer eines gegen Kolonialismus und Imperialismus gerichteten Pan-Arabismus.

1956 Durch Plebiszit wird eine neue Verfassung angenommen und Nasser zum Präsidenten gewählt. Die ein Jahr später als politische Organisation des Regimes gegründete „Nationale Union" stellt allein die Kandidaten für das Parlament.

Aus Protest gegen Nassers Neutralitätspolitik ziehen die USA, Großbritannien und die Weltbank ihre Finanzierungszusage für den Bau des Assuan-Staudammes zurück. Als Antwort verstaatlicht Nasser die Suezkanal-Gesellschaft und provoziert damit einen Angriff Israels, Englands und Frankreichs. Trotz der militärischen Niederlage im Suez-Krieg kann Nasser sich politisch durchsetzen. Vom Westen brüskiert wendet er sich in der Folgezeit stärker der Sowjetunion zu, die den Staudamm und industrielle Großprojekte finanziert und Ägyptens Hauptwaffenlieferant wird.

1958 In einem ersten Schritt zur panarabischen Einheit schließen sich Ägypten und Syrien zur „Vereinigten Arabischen Republik" (VAR) zusammen. Nach drei Jahren trennt Syrien sich wieder nach einem Staatsstreich unzufriedener Militärs und enteigneter Unternehmer. Sie reagieren damit auf die Verstaatlichung der Banken sowie aller größeren Industrie- und Handelsunternehmen in der VAR.

1962 In der „Charta der nationalen Aktion" wird die „totale Revolution" gefordert, deren Ziel eine arabisch-sozialistische Gesellschaft ist. Anstelle der Nationalen Union wird die „Arabische Sozialistische Union" (ASU) gegründet.

1963–69 Im jemenitischen Bürgerkrieg unterstützen ägyptische Truppen die Republikaner gegen die Royalisten.

1964 Die neue „Provisorische Verfassung" verankert die Grundsätze der Nationalcharta.

1967 Der Nahost-Konflikt eskaliert zum „Sechstagekrieg": Nachdem Ägypten den Golf von Akaba gesperrt hat, greift Israel an und besetzt den Sinai bis zum Suezkanal. Die Niederlage ist vernichtend und erschüttert Nassers Position im eigenen Land und in der arabischen Welt.

1967–70 Obwohl Ägypten die Resolution 242 des UN-Sicherheitsrats vom 22. November 1967 als Grundlage einer Nahost-Friedenslösung akzeptiert, scheitern alle Vermittlungsbemühungen der Vereinten Nationen. Wachsende Spannungen eskalieren 1968/69 zu einem „Abnutzungskrieg" am Suezkanal, den erst 1970 ein vom amerikanischen Außenminister Rogers vermittelter Waffenstillstand beendet.

1970 Nach Nassers plötzlichem Tod wird der bisherige Vizepräsident Anwar el-Sadat neuer Präsident.

1971 Mit einem Staatsstreich von oben, der sog. „Korrektiv-Revolution", entledigt sich Sadat seiner innenpolitischen Gegner, die überwiegend dem moskaufreundlichen Lager angehören. Ägypten erhält eine „Permanente Verfassung“ und wird in „Arabische Republik Ägypten“ umbenannt.

1972 Sadat weist 17 000 sowjetische Militärberater aus und wendet sich in wachsendem Maß den USA zu.

1973 Israel ist nicht bereit, sich vom Ostufer des Suezkanals zurückzuziehen, den Sadat wiedereröffnen möchte. Um Bewegung in die erstarrten diplomatischen Fronten zu bringen und den Ägyptern ihren Stolz zurückzugeben, entschließt sich Sadat gemeinsam mit dem syrischen Präsidenten Assad zum Überraschungsangriff gegen Israel. Ägypten erringt im „Oktober-Krieg“ militärische Erfolge, die die psychologischen und politischen Voraussetzungen für ernsthafte Friedensverhandlungen schaffen.

1974 Sadats „Oktober-Papier“ legt die Rahmenbedingungen der neuen „Öffnungs-Politik“ fest. Die Wirtschaft wird liberalisiert; ein Investitionsgesetz soll ausländische Kapitalgeber anlocken.

1975 Die wirtschaftliche wird durch politische Liberalisierung abgestützt: Sadat läßt mehr Presse- und Meinungsvielfalt zu. In der ASU dürfen sich unabhängige „Wahlplattformen“ bilden, die 1976 mit eigenen Kandidaten an den ersten halbwegs freien Parlamentswahlen seit der Revolution teilnehmen und sich anschließend als politische Parteien konstituieren können (Parteiengesetz von 1977). Die 1978 von Sadat gegründete Nationaldemokratische Partei (NDP) ist seither stärkste Partei im Parlament. Die seit langem funktionslose ASU wird 1980 aufgelöst.

1977 Preiserhöhungen für subventionierte Güter lösen die schwersten Unruhen seit der Revolution aus.

Sadat unternimmt seine „historische“ Reise nach Jerusalem, wo er in der Knesset zum Frieden und zur Koexistenz von Israel und Ägypten aufruft. Die Mehrheit der Bevölkerung begrüßt zunächst die Friedensinitiative, nicht zuletzt weil die Menschen sich von sinkenden Militärausgaben verbesserte Lebensbedingungen erhoffen.

1978 Nach monatelangen Verhandlungen zwischen Ägypten und Israel gelingt durch die Vermittlung des amerikanischen Präsidenten Jimmy Carter in Camp David der Durchbruch: Sadat und Begin unterzeichnen im September 1978 zwei Rahmenabkommen für einen ägyptisch-israelischen Friedensvertrag und für eine Gesamtlösung des Palästina-Konfliktes.

1979 Trotz der Rahmenabkommen sind die weiteren Verhandlungen schwierig, weil Israel auf getrennten Verträgen besteht. Als Ägypten den Friedensvertrag mit Israel unterzeichnet, brechen mehrere arabische Staaten die diplomatischen Beziehungen zu Ägypten ab; Ägyptens Mitgliedschaft in der Arabischen Liga und der Organisation der Islamischen Konferenz wird ausgesetzt. Die Befürchtung, Ägypten habe einen Separatfrieden geschlossen, bestätigt sich: Die Verhandlungen über das im zweiten Camp David-Abkommen vorgesehene Autonomiestatut für die Palästinenser werden ohne Ergebnis abgebrochen. In Ägypten wächst die Opposition gegen den Frieden mit Israel; insbesondere die Muslimbruderschaft und radikale Islamisten lehnen Sadat und sein Regime ab.

1980 Eine Verfassungsänderung erklärt die Prinzipien der Scharia, des islamischen Gesetzes, zur Hauptquelle der Gesetzgebung.

1981 Sadat nimmt gewalttätige Auseinandersetzungen zwischen Muslimen und Kopten zum Anlaß, 1500 Oppositionelle zu verhaften, darunter führende Muslimbrüder, koptische Geistliche und linke Intellektuelle, aber auch einige bekannte Politiker und Journalisten. Einen Monat später, am 6. Oktober, wird Sadat bei einer Parade zur Feier des Sieges im Oktober-Krieg von Mitgliedern der radikalen islamistischen Untergrundgruppe „el-Jihad" ermordet. Nachfolger wird Vizepräsident Hosni Mubarak, der einen Aufstand religiöser Fanatiker in Assiut rasch niederschlagen läßt. Den zahlreichen Verhaftungen im Gefolge des Sadat-Attentates folgt eine Phase politischer Liberalisierung. Bis Ende des Jahres sind die meisten der im September Verhafteten wieder frei.

1982 Nach früheren Teilrückzügen gibt Israel, wie im Friedensvertrag vereinbart, den restlichen Sinai an Ägypten zurück. Israels unprovozierte Invasion in den Libanon nur einen Monat später gibt Mubarak die Möglichkeit, auf Distanz zum ungeliebten Nachbarn zu gehen. Seitdem herrscht im Verhältnis zu Israel ein „kalter Frieden". In der Folgezeit nähern sich Ägypten und die arabischen Staaten wieder an.

1984 Bei den Parlamentswahlen kandidieren Mitglieder der Muslimbruderschaft auf den Listen der Neuen Wafd-Partei und kommen darüber erstmals als größere Gruppe ins Parlament. Der islamistische Einfluß im Land wächst, auch wenn 1985 Forderungen, die Scharia sofort und vollständig anzuwenden, vom Parlament abgelehnt werden.

1986 Eine Meuterei der Kairener Bereitschaftspolizei kann nur unter Einsatz der Armee beendet werden.

1987 Bei den vorgezogenen Parlamentswahlen bleiben die regierenden Nationaldemokraten mit 347 Abgeordneten stärkste Partei. In der Oppostion verfügt die Neue Wafd über 35, die „Islamische Allianz", ein Wahlbündnis aus der Partei der Arbeit, Liberalen und Muslimbrüdern über 59 Sitze. Unabhängige haben 7 Sitze inne. Im Herbst tritt Präsident Mubarak seine zweite Amtszeit an.

1989 Nach zehnjähriger Abwesenheit seit dem Friedensschluß mit Israel nimmt Ägypten erstmals wieder an einer arabischen Gipfelkonferenz teil. Der Bruderzwist scheint beigelegt, obwohl Ägypten den umstrittenen Vertrag nicht widerrufen hat.

1990 Das Oberste Verfassungsgericht erklärt die Wahlen von 1987 für ungültig. Die Neuwahlen werden von den meisten Oppositionsparteien boykottiert, so daß neben 348 Abgeordneten der NDP nur 6 Abgeordnete der linken Sammlungspartei Tagammu und 90 Unabhängige in das neue Parlament einziehen.

1990–1991 Ägypten spielt in der Kuwait-Krise und im Golf-Krieg eine führende Rolle im anti-irakischen Bündnis, das unter Führung der USA die irakische Armee aus dem besetzten Kuwait vertreibt.

3. Ein Land wird unterentwickelt

Bis zum Jahr 1830 hat sich, trotz der anhaltenden Unterdrückung aller nationalen und liberalen Bewegungen, das Bürgertum in den Staaten des Deutschen Bundes wirtschaftlich entfalten können. Die Industrialisierung hat allerdings erst zögernd begonnen; als Begleiterscheinung kommt es zu Hungerkrisen und Massenelend. In der Eifel essen Menschen in ihrer Not Baumrinde ...

Bis zum Jahr 1830 ist die erste Phase der Industrialisierung in Ägypten abgeschlossen. Ägyptens Fabriken produzieren Textilien aus Wolle, Seide und vor allem Baumwolle für den heimischen Markt und den Export und verarbeiten auch andere landwirtschaftliche Produkte; Papier, Glas, Seife und dergleichen technologisch einfache Güter müssen nicht mehr importiert werden; selbst Gewehre und Geschütze werden hergestellt, sogar Kriegsschiffe gebaut. Die Maschinen für den Aufbau der Industrie und eine Vielzahl von ausländischen Experten sind mit Exporterlösen aus der Landwirtschaft finanziert worden, insbesondere mit umfangreichen Weizenlieferungen an Großbritannien in der Schlußphase der napoleonischen Kriege. Nach tiefgreifenden Verwaltungsreformen und dem Aufbau einer schlagkräftigen Armee ist Ägypten inzwischen im Ostmittelmeerraum zur stärksten Regionalmacht aufgestiegen, die bereits die arabische Halbinsel und den Sudan beherrscht und sich anschickt, die Oberhoheit des Osmanischen Reiches abzuschütteln ...

150 Jahre später ist Ägypten ein Entwicklungsland, dessen Regierung vor einem schier unauflöslichen Problembündel zu stehen scheint. Zwar gehört Ägypten zu den glücklicheren Entwicklungsländern, in denen wenigstens (noch) niemand hungert – aber im Vergleich zu Deutschland liegt Ägypten hoffnungslos zurück: Ende der 80er Jahre ist das Durchschnittseinkommen in der Bundesrepublik Deutschland im Vergleich zur DDR fast

Abb.5: Den einen gilt Mohammed Ali wegen seiner Machtpolitik als rücksichtsloser Autokrat, den anderen wegen seiner zahlreichen Reformen als „Vater des modernen Ägypten".

dreimal so hoch, im Vergleich zu Ägypten über dreißigmal; allein der jährliche Zuwachs beim Pro-Kopf-Einkommen ist in der Bundesrepublik höher als das, was der ägyptischen Bevölkerung insgesamt als Pro-Kopf-Einkommen zur Verfügung steht. Dieser enorme Unterschied wird nur durch die niedrigen Preise von Grundnahrungsmitteln, anderen Massenbedarfsgütern und Mieten – also durch die höhere Kaufkraft des ägyptischen Pfundes – ein wenig abgemildert.

Wie konnten sich die beiden Länder so auseinanderentwickeln? Es wäre wohl übertrieben, das Ägypten von 1830 bereits als blühendes Industrieland zu bezeichnen. Aber aus diesem ersten Versuch einer eigenständigen Industrialisierung in der nicht-westlichen Welt hätte vielleicht die Chance erwachsen können, daß Ägypten sich parallel zur Industrialisierung in Europa weiterentwickelt – hätten nicht europäische Mächte ein ums andere Mal ihre Interessen mit wirtschaftlichen, politischen oder militärischen Mitteln gegen Ägypten durchgesetzt.

Fabriken auf Sand gebaut – und in den Sand gesetzt

Mohammed Ali hat nie wie Zar Peter der Große inkognito auf einer Werft gearbeitet, um aus eigener Anschauung die technologischen und gesellschaftlichen Entwicklungen in Europa kennenzulernen. Aber wie jener hatte auch Mohammed Ali begriffen, daß der Vorsprung des Westens nur mit einer grundlegenden und drastisch durchgesetzten Umgestaltung aufgeholt werden konnte. Als osmanischer Offizier hatte er die überlegene Kampfkraft modern ausgerüsteter, disziplinierter europäischer Armeen aus nächster Nähe erlebt, als britisch-osmanische Truppen 1801 die Franzosen aus Ägypten vertrieben. Fünf Jahre später konnte er als osmanischer Gouverneur Ägyptens beginnen, Konsequenzen aus seinen Erfahrungen zu ziehen. Erstes Ziel mußte es dabei sein, die seit der französischen Besetzung unterbrochenen Ansätze zu landwirtschaftlicher Exportproduktion, v.a. den Weizenexport, und den profitablen Transithandel zwischen Rotem Meer und Mittelmeer wiederzubeleben.

Nach der Vernichtung der Mamluken und der Abschaffung der Steuerpacht kontrollierte Mohammed Ali große Teile des landwirtschaftlichen Bodens, den er in Parzellen an Fellachen, später aber auch in größeren Stücken an Familienmitglieder und verdiente Würdenträger verteilte. Durch den Bau von Bewässerungskanälen und Stauwehren konnte das Ackerland um ein Drittel erweitert und in einigen Gebieten mehrfach geerntet werden. Neben der in Ägypten entdeckten und ab 1820 angebauten langfaserigen Baumwolle brachten Dutzende von importierten Pflanzenarten völlig neue Anbauprodukte nach Äygpten: die Mehrzahl der heute noch angebauten Feldfrüchte, aber etwa auch die mächtigen Eukalyptus-Bäume aus Australien, deren windabweisende Reihen vielerorts die Landschaft prägen. Neben Baumwolle wurden auch andere Pflanzen als „Geldfrüchte" (*cash crops*) für den Markt angebaut, etwa Indigo, Zuckerrohr, Flachs.

Aus der schnell wachsenden landwirtschaftlichen Produktion zog Mohammed Ali die finanziellen Mittel für den Aufbau seiner Industrien und der Armee von zeitweilig über 100 000 Soldaten. Um die Profite zu steigern, schuf er ein System von Monopolen, mit denen er praktisch den gesamten Handel kontrollierte: Die Bauern mußten ihm zu Niedrigstpreisen ihre *cash crops* liefern, die er dann für ein Mehrfaches auf dem Weltmarkt verkaufte. Nur er selbst und von ihm konzessionierte Ausländer durften ausländische Waren ein- oder ägyptische Waren ausführen. Die Einfuhr von Produkten, die den jungen Industrien Konkurrenz machen konnten, war entweder ganz verboten oder nur nach der Zahlung von hohen Schutzzöllen möglich.

Größe und Grenzen von Mohammed Alis „Entwicklungsmodell" lassen sich am deutlichsten am Schicksal seiner Armee ablesen: Ausgebildet von französischen Offizieren, erwies sich die Armee schon bald als so leistungsfähig, daß Mohammed Alis Sohn Ibrahim im Auftrag des Sultans den Wahhabitenaufstand auf der arabischen Halbinsel niederschlagen, später den Sudan erobern und schließlich sogar für den Sultan Kreta und den Peloponnes besetzen und damit fast den griechischen Freiheitskampf beenden konnte. Fast – denn in dieser Situation schnitt eine Koalition europäischer Mächte, die beschlossen hatte, daß Griechenland als unabhängiger Staat wieder erstehen sollte, Ibrahim von seinem Nachschub über See ab und zwang ihn, sich 1828 zurückziehen.

Nichtsdestoweniger ist Mohammed Ali um 1830 auf der Höhe seiner Macht. Er überwirft sich mit dem Sultan, und Ibrahim dringt mit der Armee etwa 2000 km quer durch Syrien und ganz Anatolien bis kurz vor Istanbul. Doch als die Existenz des Osmanischen Reiches selbst bedroht ist, bremst erneut eine europäische Intervention die militärisch so erfolgreichen Ägypter. Ein Bündnis mit dem russischen Zaren rettet den Sultan; Mohammed Ali muß sich mit der Herrschaft über Syrien bescheiden.

Eine Geheimklausel im Bündnisvertrag mit dem Sultan hat Rußland die langersehnte Durchfahrt vom Schwarzen Meer zum Mittelmeer auch für Kriegszeiten eröffnet. Dies kann Großbritannien Mohammed Ali als dem für das Bündnis Verantwortlichen ebensowenig verzeihen wie die Monopolpolitik, die von Ibrahim auch in Syrien eingeführt wird und britische Kaufleute von profitablen Märkten verdrängt. Als darum 1839 erneut Kämpfe zwischen Ägypten und dem Osmanischen Reich ausbrechen und Ibrahim die frisch modernisierte osmanische Armee vernichtend schlägt, interveniert eine von Großbritannien zusammengebrachte europäische Koalition: Mohammed Ali muß Syrien aufgeben und sich vertraglich verpflichten, seine Armee auf wenige tausend Mann zu verkleinern; dafür erkennt ihm der Sultan die erbliche Würde eines Vize-Königs von Ägypten zu.

Der Traum vom eigenen Reich war damit zwar ausgeträumt, doch blieb Mohammed Ali immerhin Ägypten als ein de facto unabhängiger Staat. Trotzdem scheint er, in seinem Expansionsdrang gestoppt, das Interesse an seinen Projekten, insbesondere an den neuen Fabriken, verloren zu haben. Ob er nach einer Eroberung der Türkei mit seiner Industrialisierung erfolgreicher gewesen wäre, ist allerdings fraglich: Mangel an Rohstoffen, Ersatzteilen und qualifizierten Arbeitskräften, eine schmale Energiebasis, unzulängliche Wartung und schneller Verschleiß – nicht zuletzt durch den bei Sturm durch jede Ritze dringenden Sand der Wüste – gefährdeten die Industrialisierung schon, bevor ihr die Folgen der britischen Intervention den Rest gaben: zum einen die mit der Armee zugleich verkleinerte Binnennachfrage, mehr aber noch britischer Einfallsreichtum bei der Formulierung des „Friedensvertrages".

Es war die Wirkung einer Klausel im Kleingedruckten: Mohammed Ali mußte zulassen, daß der osmanisch-britische Vertrag von Balta Liman auch in Ägypten gelten sollte, das ja formell osmanisches Hoheitsgebiet blieb. Mit diesem Vertrag hatten britische Diplomaten dem Sultan ihre Freihandelsideologie aufgeschwatzt. Jetzt wurde der Vertrag zum Hebel, den ägyptischen Markt für Großbritannien zu „öffnen", das heißt: Mohammed Ali und seine Nachfolger zur Aufgabe der Monopole zu zwingen und die Schutzzoll-Politik in ihr Gegenteil zu verkehren. Schon bald wurden zu niedrigsten Zollsätzen Billigwaren aus europäischer Massenproduktion eingeführt, während gleichzeitig ägyptische Industrieprodukte mit hohen *Ausfuhr*zöllen belegt wurden. Ägyptens Industrie hatte damit keine Chance mehr, auf anderen Märkten zu konkurrieren, geschweige denn mit seinen Produkten als „Niedriglohnland" die Industrialisierung irgendwo in Europa zu „gefährden". Was der Sand der Wüste nicht bereits geschafft hatte, schafften die Zölle: Ägyptens erster Industrialisierungsschub versandete – im Wortsinn wie in übertragenem Sinne.

Trotz der genannten Fehlschläge wirkte Mohammed Alis Politik in anderen Bereichen nachhaltig weiter: in der Landwirtschaft, der Verwaltung und der Herausbildung einer modernen ägyptischen Gesellschaft. Seine agrarpolitischen Maßnahmen beschleunigten den Übergang von ländlicher Subsistenzproduktion zu einer exportorientierten Volkswirtschaft mit zunehmend kapitalistischer Produktionsweise. Auch wenn die meisten Schulen in den letzten Jahren seiner Herrschaft geschlossen wurden, hatten doch seine umfangreichen Investitionen in Erziehung und Ausbildung eine völlig neue Bildungselite heranwachsen lassen, die dabei war, die traditionelle osmanische Verwaltung in einen modernen Staatsapparat mit einer funktionsfähigen Bürokratie umzuwandeln.

Von Mohammed Ali wohl unbeabsichtigt, aber doch seiner Politik zu verdanken, ist die allmähliche Herausbildung einer *ägyptischen* Gesellschaft. Bis zu Mohammed Ali, der selbst Osmane bzw. „türkischer" Offizier albanischer Herkunft war, hatten fremde Eliten die oberen Ränge der Verwaltung und das

Militär gestellt. Unter Mohammed Ali wurden nun nicht nur zum ersten Mal Fellachen, die bis dahin als untauglich galten, in die Streitkräfte rekrutiert, sondern Ägypter konnten auch im Offizierskorps bis zum Majorsrang und in der Verwaltung bis zur Position von Vize-Gouverneuren in den Provinzen aufsteigen. An Erfolgen und Mißerfolgen Mohammed Alis aktiv beteiligt, bildete sich bei diesen neuen Eliten ein Selbstbewußtsein heraus – das sich eine Generation später in der politischen Forderung „Ägypten den Ägyptern!" artikulierte.

Ägyptens erste Schuldenkrise

Ausländer waren Mohammed Ali immer willkommen gewesen, solange sie nur dem Land nützlich sein konnten: französische Offiziere, italienische Ingenieure, griechische Kaufleute. Mit Konzessionen und Privilegien ausgestattet, oft auch mit Grundbesitz entlohnt, waren Europäer und Levantiner schon zu einer Wirtschaftselite geworden, ehe die Briten nach 1840 die Öffnung des ägyptischen Marktes erzwangen.

Unter Mohammed Alis Nachfolgern kontrollierten Ausländer in den kommenden Jahrzehnten in wachsendem Maße Transport, Verarbeitung und Vermarktung der Baumwolle und den übrigen innerägyptischen Handel. Gestützt auf die sog. „Kapitulationen", in denen das Osmanische Reich Bürgern europäischer Staaten immer weitergehende Vorrechte hatte einräumen müssen, konnten Ausländer in der Wirtschaft praktisch tun und lassen, was ihnen beliebte. Von Zoll- und Steuerpräferenzen abgesehen, genossen sie im Schutz ihrer Konsulate sogar Exterritorialität und eine eigene Gerichtsbarkeit. Viele Ausländer nutzten ihre privilegierte wirtschaftliche und rechtliche Position, um das Land auszuplündern. Mißtrauen gegenüber Ausländern, wie es Mohammed Alis Nachfolger Abbas I. nachgesagt wurde, war darum nicht unberechtigt. Der eigentliche „Ausverkauf" Ägyptens begann jedoch erst unter Abbas' Nachfolger Mohammed Said, dessen Einfältigkeit der französische Konsul Ferdinand de Lesseps zum größten Geschäft ausnützte, das je zum Nachteil Ägyptens abgeschlossen wurde:

Als derjenige, der de Lesseps bzw. dessen Suezkanal-Gesellschaft die Konzession für den Bau des Suezkanals erteilte, durfte Said auch Hauptaktionär werden und sich heftig verschulden. Damit das Projekt wirklich zustande kam, mußte Said sich zudem verpflichten, alle Aktien aufzukaufen, die sich in Frankreich nicht verkaufen ließen – den teuren ausländischen Kredit dazu besorgte ihm de Lesseps. Und während die europäischen Aktionäre zunächst vor allem ihre Gewinnerwartungen in das Geschäft einbrachten, mußte Said als seinen Beitrag den Kanal erst einmal graben lassen. Da die Suezkanal-Gesellschaft für den späteren Betrieb und nicht für den Bau zuständig war, stellte sie für die ägyptischen Arbeiter nicht einmal Werkzeug bereit, geschweige denn Verpflegung, Unterkunft oder medizinische Versorgung. Unter unsäglichen Mühen, zum Teil mit bloßen Händen, haben vor allem Bauern, die ohne Rücksicht auf ihre Feldarbeiten „dienstverpflichtet" worden waren, den Kanal zwischen Rotem Meer und Mittelmeer gegraben. Etwa 100 000 Ägypter sollen dabei ums Leben gekommen sein. Und von den Gewinnen, die mit ihrem Werk erzielt wurden, konnte Ägypten dann nicht einmal profitieren – denn nicht lange, nachdem 1869 der Kanal als großes internationales Ereignis mit viel Pomp eröffnet worden war, mußte Saids Nachfolger Ismail den ägyptischen Anteil an den Kanal-Aktien an England verkaufen, um Schulden abzahlen zu können...

Ismails Regentschaft hatte 1863 unter recht günstigen Umständen begonnen: Der amerikanische Bürgerkrieg bescherte Ägypten einen Baumwollboom, als auf dem Weltmarkt das Baumwollangebot der Südstaaten ausfiel. Ismail nutzte diese Chance und förderte die Baumwollwirtschaft mit umfangreichen Investitionen vor allem in die Infrastruktur, beispielsweise durch die Anlage von Hunderten von neuen Bewässerungskanälen, durch den Bau von 1460 km Eisenbahnstrecke und 8000 km Telegrafenlinien sowie durch den Ausbau der Häfen. Auch neue Industrieanlagen wurden gebaut, zum Beispiel 64 Zuckerfabriken.

Vom Wunsch beseelt, Ägypten zu einem Teil Europas zu machen, ließ sich Ismail zudem von geschäftstüchtigen Beratern zu einer Vielzahl von Projekten anstiften, die ihn diesem Ziel näherzubringen schienen: In Kairo und Alexandria entstanden Stadtviertel nach europäischen Vorbildern, in Kairo sogar eine Oper. Die meisten dieser Projekte waren teuer, aber kaum kurzfristig profitabel, und auch die Infrastrukturinvestitionen zahlten sich nur sehr langsam, vielfach erst nach seiner Regierungszeit aus. Nach dem Preiseinbruch auf den Baumwollmärkten am Ende des amerikanischen Bürgerkriegs blieb Ismail darum wenig anderes übrig, als die Landwirtschaft in Oberägypten auf Zuckerrohr umzustellen, vor allem aber seine Projekte mehr noch als schon zuvor über Kredite zu finanzieren.

Die Kreditkonditionen, die die europäischen Geldgeber Said und Ismail einräumten, sind typisch dafür, wie europäische Banken und Handelshäuser im 19. Jh. durch ungleiche Verträge politisch geschwächte Staaten bzw. deren Potentaten immer tiefer in die wirtschaftliche Abhängigkeit trieben. Zwar lagen die nominalen Zinsen bei durchaus branchenüblichen Sätzen, hinzu kamen jedoch so hohe Gebühren, Provisionen und Abschläge, daß am Ende in der Regel nicht einmal 70% der Kreditsumme ausgezahlt wurden.

Neben Krediten, mit denen die Investitionen, aber auch nachgeschobene Forderungen der Suezkanalgesellschaft oder die luxuriöse Hofhaltung Ismails bezahlt wurden, mußten in immer kürzeren Abständen Kredite zur Finanzierung der Schulden aufgenommen werden. Bereits unter Said war ein Großteil der Staatseinnahmen auf Jahre hinaus verpfändet. Als die phantastisch angewachsenen Schulden Ismail schließlich über den Kopf zu wachsen drohten, wandte er sich hilfesuchend an die Hauptgläubigerländer, die ihm eine Schuldenverwaltung unter britisch-französischer „Doppel-Kontrolle“ aufnötigten. Als sich Ismail gegen deren drastische Maßnahmen zur Finanzierung des Schuldendienstes sträubte, wurde er zur Abdankung gezwungen. Sein Nachfolger Mohammed Taufik mußte dann 1880 einem Gesetz zustimmen, das auf Dauer die Hälfte der ägyptischen Staatseinnahmen für den Schuldendienst reservierte.

Nicht zuletzt Folgen dieses Gesetzes erhöhten die Unzufriedenheit in der Armee, in der Bürokratie und unter den ländlichen Notabeln und verstärkten die Agitation in der konstitutionellen Bewegung, die nach stärkerer politischer Beteiligung strebte. Als dies in einer Armeerevolte mit breiter öffentlicher Resonanz, dem sog. „Orabi-Aufstand“, gipfelte, lieferte ein Hilferuf Taufiks Großbritannien 1882 den willkommenen Vorwand, zum Schutz der Gläubigerinteressen „vorübergehend“ Ägypten zu besetzen – und es für über 70 Jahre nicht mehr zu verlassen.

Der Welt beste Baumwolle und ihr doppelter Preis

Langfaserige Baumwolle fand in Ägypten so vorzügliche Anbaubedingungen, daß auch die schlechteste ägyptische Qualität im internationalen Vergleich immer noch zu den Spitzenqualitäten zählte. Ägyptens Baumwolle war deswegen ein Rohstoff, auf den die britische Textilindustrie in Lancashire nicht verzichten mochte, um ihre Vorrangstellung auf dem Weltmarkt zu behaupten. Den Baumwollbedarf der englischen Industrie zu decken und Ägyptens Gläubiger zu befriedigen, war darum das Hauptinteresse Großbritanniens an der weiteren Entwicklung Ägyptens.

Unter der de facto-Herrschaft des britischen Generalkonsuls Sir Evelyn Baring – des späteren Lord Cromer – wurde darum in den Jahrzehnten nach der Besetzung die Entfaltung der Baumwollwirtschaft abgeschlossen: Die Infrastruktur wurde weiter verbessert, Handel und Banken, Transportwesen und Dienstleistungssektor wurden ausgebaut. Die ausländischen Investoren, die diesen Prozeß überwiegend trugen und die bis zum Ersten Weltkrieg schließlich 92% des Aktienkapitals in Ägypten besaßen, brachten über die Vermarktung hinaus zunehmend auch den Baumwoll- und Zuckerrohranbau unter ihre Kontrolle, indem sie nach und nach knapp ein Viertel des Großgrundbesitzes erwarben.

In die Weiterverarbeitung wurde dagegen kaum investiert: Fabriken zum Entkörnen und Pressen der Baumwolle sollten nur deren Volumen für den Transport nach England reduzieren.

Das Beispiel des ersten Assuan-Staudamms, jahrzehntelang einer der größten Staudämme der Welt, zeigt besonders kraß, wo Englands eigentliche Interessen lagen: 1902 fertiggestellt und später noch zweimal erhöht, diente der Damm der besseren Verteilung des Nilwassers über das Jahr und damit einer effizienteren Bewässerung für die Sommerkultur Baumwolle. Große Turbinen aber, die billige elektrische Energie für eine Industrialisierung hätten liefern können, sind nie in diesen Damm eingebaut worden. Da war es nur konsequent, daß Versuche sogar von englischen Unternehmern, die Standortvorteile Ägyptens zu nutzen und wieder eine Textilindustrie aufzubauen, mit Zoll- und Steuervorschriften vereitelt wurden.

Ägypten war zwar hochverschuldet, aber doch keineswegs ein armes Land. Mit seiner ganz auf die Baumwolle ausgerichteten Exportwirtschaft hatte es sich hervorragend spezialisiert und profitierte innerhalb der damaligen Logik von internationaler „Arbeitsteilung" durchaus, indem es seinen äußerst wertvollen Rohstoff Baumwolle nicht selbst verarbeitete, sondern gegen Fertigwaren tauschte. Im mediterranen Flair Alexandrias und im weltstädtischen Stadtzentrum Kairos dokumentierte sich zu Beginn dieses Jahrhunderts, daß Ägypten zweifellos eines der wohlhabendsten Rohstofflieferländer geworden war.

Als Ägypten 1922 formell unabhängig wurde, änderte sich wirtschaftlich zunächst wenig. In entscheidenden Positionen saßen weiterhin britische Verwaltungsbeamte und förderten wie eh und je etablierte Interessen in der Baumwollwirtschaft. Dabei hatte sich bereits vor dem Ersten Weltkrieg erstmals gezeigt, wie krisenanfällig eine Exportwirtschaft ist, die derart auf Monokultur beruht und von der Nachfrage auf dem Weltmarkt abhängig ist. In den 20er und 30er Jahren häuften sich dann negative Wirkungen: Die jahrzehntelange Ausweitung des Baumwollanbaus und die Vernachlässigung der Drainage hatten die Bodenqualität so reduziert, daß die Produktivität erheblich sank. Die niedrigeren Ernten fielen in eine Zeit, in der sich noch dazu die Austauschverhältnisse (*terms of trade*) ständig verschlechterten, das heißt: Ägypten bekam für seine Baumwolle im Verhältnis immer weniger Industrieprodukte, bis es 1939 für den Import von Fertigwaren im gleichen Wert zweieinhalb mal so viel Baumwolle exportieren mußte wie 1914. Mit der Produktivität und den *terms of trade* sank schließlich auch das Pro-Kopf-Einkommen.

Gleichzeitig fanden in den 30er Jahren immer mehr Menschen keine ausreichenden Beschäftigungsmöglichkeiten mehr auf dem Lande, als das rasche Bevölkerungswachstum aus einem Arbeitskräftemangel, wie er noch um die Jahrhundertwende bestanden hatte, einen Arbeitskräfteüberschuß werden ließ. Auf der Suche nach besseren Beschäftigungsmöglichkeiten drängten diese Menschen zu Zehntausenden in die Städte, wo sie vor allem den Dienstleistungssektor aufblähten, weil das Arbeitsplatzangebot der ägyptischen Industrie für die große Zahl der Arbeitssuchenden viel zu knapp war.

Jetzt rächte sich die völlig einseitige Orientierung der Wirtschaft auf ein einziges Produkt. Jetzt rächte es sich, daß nicht rechtzeitig in großem Umfang industrielle Arbeitsplätze geschaffen worden waren. Jetzt rächte sich die Vernachlässigung des Erziehungswesens, das seit dem 19. Jh. auf allen Ebenen hätte breit ausgebaut werden müssen, von den Briten aber ganz auf die beschränkten Bedürfnisse der Verwaltung und des Baumwollsektors ausgerichtet worden war – sieht man einmal von den wenigen, meist von Ausländern betriebenen Eliteschulen ab.

Der Zweite Weltkrieg verschaffte Ägypten noch einmal eine Atempause, weil die Bedürfnisse von Hundertausenden von britischen Soldaten starke Anreize für den Aufbau von importsubstituierenden Industrien zu einer Zeit lieferten, als die britische Industrie Wichtigeres zu tun hatte, als ägyptische Konkurrenz zu unterbinden. Nach dem Krieg allerdings begannen die Probleme von Landflucht, Urbanisierung, Arbeitslosigkeit und Massenelend schneller zu wachsen als alle Möglichkeiten, sie zu lösen. Spätenstens jetzt war Ägypten zu einem „Entwicklungsland“ heruntergewirtschaft worden.

„Du hast keine Chance – nutze sie!" (Herbert Achternbusch)

Es ist müßig, zu spekulieren, was gewesen wäre, wenn ... Nur eins läßt sich sicher sagen: Der Abstand zwischen entwickelten und unterentwickelten Ländern ist so unüberbrückbar groß, daß auch günstigste Annahmen kaum Hoffnungen wecken können. Nehmen wir also einmal an, Ägypten könnte den erstaunlich hohen realen Zuwachs von etwas über 9% im Jahr, den es Ende der 70er Jahre unter besonders günstigen Umständen einmal erreicht hat, ohne jeden Konjunktureinbruch ununterbrochen durchhalten; und nehmen wir gleichzeitig an, es würde Ägypten gelingen, die Geburtenrate vom bisher günstigsten Wert noch etwas weiter auf 2% zu senken; dann würde es – ausgehend vom Pro-Kopf-Einkommen von US-$ 630 im Jahr 1989 – unter solch extrem günstigen Annahmen gerade 50 Jahre dauern, bis Ägypten im Jahr 2039 ein Pro-Kopf-Einkommen erreicht hat, das die Bundesrepublik bereits im Jahr 1989 erreicht hatte: nämlich US-$ 20 750.

Es lohnt sich nicht auszurechnen, wie hoch selbst bei prozentual sehr viel geringerem Wachstum das Pro-Kopf-Einkommen in Deutschland bis zum Jahr 2039 gestiegen sein würde. Denn kein Land kann so hohe Wachstumsraten ununterbrochen durchhalten. Im Gegenteil, Ägypten wäre, besonders im Vergleich zu anderen Entwicklungsländern, überaus günstig dran, wenn es die sehr positive Wachstumsrate des Bruttosozialprodukts in den 80er Jahren von 5,6% und die prognostizierte Wachstumsrate der Bevölkerung von 2,2% halten könnte! Allerdings würde es dann bei gleichbleibendem Wachstum über 100 Jahre dauern, bis die Urenkel der heutigen Ägypter das deutsche Pro-Kopf-Einkommen von 1989 erreicht haben würden ...

Was immer Ägyptens Politiker auch anstellen werden – unter den geltenden Regeln des internationalen Systems hat Ägypten keine Chance, sich in absehbarer Zeit den reichen Industrieländern anzunähern. Nun gibt es hinreichend Berechnungen, die zeigen, daß – nicht zuletzt aus ökologischen Gründen – unmöglich alle Menschen den heutigen Lebensstandard der USA und der anderen führenden Industrienationen erreichen können. Das kann für Ägypten zweierlei bedeuten. Entweder es bleibt alles beim Alten: Die Reichen im Norden verbrauchen weiter den Großteil der Ressourcen dieser Erde und versuchen, den Habenichtsen im Süden die Wachstumsideologie und die Orientierung an unseren Konsumstandards auszutreiben. Oder aber die Prioritäten *bei uns* ändern sich so, daß bei reduziertem Produktionswachstum und Energieverbrauch hier zugleich der vorhandene Reichtum weltweit besser verteilt wird. Nur im zweiten Fall wird Ägypten jemals die Chance haben, kein „Entwicklungsland" mehr zu sein.

4. Zwischen Fremdbestimmung und Selbstbestimmung

Mitte der 70er Jahre, als Ägypten sich wieder für ausländische Privatinvestitionen zu öffnen begann, konnte man in Kairo häufiger Geschäftsleute treffen, die für einen Tag nach Nikosia oder Athen geflogen waren – um zu telefonieren! Was ausländische Geschäftsleute sich leisten mochten, war für Einheimische unerschwinglich, und so ist es nicht verwunderlich, daß ägyptische Geschäftsleute, Bürokraten und Intellektuelle in jenen Jahren ihrer Frustration über die Unfähigkeit der Regierung vorzugsweise dadurch Luft machten, daß sie über die nie funktionierenden Telefone schimpften.

Zehn Jahre später klappt sogar der Selbstwählferndient anstandslos, und man bekommt in Kairo wieder gleich ein Taxi, weil nicht mehr einige hundert Boten mit Nachrichten unterwegs sind, die sich telefonisch nicht übermitteln ließen. Hauptpunkt öffentlichen Ärgers sind inzwischen die Verkehrsverhältnisse: Man braucht immer länger, um zur Arbeit oder nach Hause zu kommen; die Busse sind total überfüllt und bleiben ständig im Verkehrsgewühl stecken, weil sich die Zahl der Autos in diesen zehn Jahren mehr als vervierfacht hat.

Ägypten hat einen weiten Weg zurückgelegt seit der Revolution Anfang der 50er Jahre. Damals mußte man sich nicht über schlechte Telefonverbindungen oder unerträglichen Autoverkehr beklagen, sondern über fehlende Plastiksandalen – das heißt: über das unerhörte Elend der ländlichen Zuwanderer in den Städten, von denen die meisten barfuß liefen, weil nicht genügend billige Plastiksandalen produziert wurden und viele sich nicht einmal diese hätten leisten können. Geblieben ist Ägypten trotz dieser „Entwicklung“ ein Entwicklungsland, das weiterhin mit komplexen und empörenden Problemen zu kämpfen hat – auch wenn sich die Problemzusammenhänge in den einzelnen Entwicklungsphasen seit der Revolution allmählich auf ein jeweils höheres Niveau verschoben haben.

Geprägt wurden diese vier Jahrzehnte seit der Revolution von drei Präsidenten: Gamal Abdel Nasser, Anwar el-Sadat und Hosni Mubarak. Alle drei standen bei ihrem Bemühen, eine für Ägypten geeignete Entwicklungsstrategie zu finden, grundsätzlich vor der gleichen Situation: Sie mußten versuchen, durch ihre Politik nicht nur wirtschaftliche und soziale Impulse im Innern zu geben, sondern auch Handlungsspielräume nach außen zu schaffen, um die verschiedenen Abhängigkeiten von außen – die politische, die wirtschaftliche und technologische und nicht zuletzt auch die geistig-kulturelle Abhängigkeit – zu reduzieren. Jeder der drei Präsidenten hat dabei eigene Wege eingeschlagen oder doch zumindest in der Entwicklung neue Akzente zu setzen versucht.

Gamal Abdel Nassers „Arabischer Sozialismus"

Am „Schwarzen Samstag", dem 26. Januar 1952, brennt es im Stadtzentrum von Kairo. Wut und Verzweiflung vieler Menschen über ihre immer unerträglichere Lebenssituation richten sich gegen ausländische Geschäfte und Einrichtungen als die sichtbaren Symbole fremder Macht. In den Nachkriegsjahren haben sich die sozialen Folgen des Bevölkerungswachstums – Unterbeschäftigung, Landflucht und rapide Urbanisierung und damit zugleich Armut und Ungleichheit – ständig verschärft. Die obersten 4% der Wohlhabenden verfügen inzwischen über fast ein Drittel des Volkseinkommens, während den untersten 60%, also der großen Mehrheit der Bevölkerung, magere 18% bleiben. Die Halbierung des Baumwollpreises auf dem Weltmarkt hat 1951 zu einem Konjunktureinbruch geführt, der die soziale Krise weiter zuspitzte. Die anhaltende Weigerung Großbritanniens, seine Truppen aus der Suezkanalzone abzuziehen, gibt der Krise zusätzlich eine nationale Dimension. Nach gewaltsamen Auseinandersetzungen in der Kanalzone springt der Funke nach Kairo über. Mehrere Regierungen versuchen in den nächsten Monaten vergeblich, den Ausnahmezustand zu beenden ...

Die jungen Offiziere, die am 23. Juli 1952 unter Führung von Oberstleutnant Gamal Abdel Nasser die Macht übernahmen, ließen sehr bald keinen Zweifel daran, daß es ihnen nicht darum ging, nur die eine Machtelite durch eine andere auszutauschen. Wie vor allem Nasser immer wieder verkündete, wollten sie eine „politische Revolution", die Ägypten wirkliche Unabhängigkeit bringen sollte, und zugleich eine „soziale Revolution", die den einzelnen von wirtschaftlicher Not befreien und darüber in die Lage versetzen sollte, sich auch politisch frei entscheiden zu können. Politische Unabhängigkeit, wirtschaftliches Wachstum und gerechtere Verteilung standen also als gleichrangige Ziele des neuen Regimes nebeneinander.

Die „Freien Offiziere" hatten wohl allgemeine Ziele, aber zunächst kein konkretes Programm. Dennoch fielen bereits in der Anfangsphase nach der Revolution langfristig wichtige Entscheidungen. Nach nur sechs Wochen wurde ein Landreformgesetz verabschiedet, mit dem einerseits die wirtschaftliche und damit zugleich die politische Macht der Großgrundbesitzer gebrochen, andererseits durch die Verteilung von Land an Kleinbauern auch eine eigene politische Basis für das Regime geschaffen werden sollte (vgl. dazu Kap. 5).

Mit der Gründung eines Ständigen Rates für die Nationale Produktion und mit Entscheidungen für den Bau des Assuan-Hochdammes und für die Errichtung eines Eisen- und Stahlwerks in Heluan zeichneten sich dann bereits Grundzüge der nasseristischen Entwicklungsstrategie ab: Durch forcierte Industrialisierung bei gleichzeitiger Diversifizierung der Wirtschaft würde sich Ägypten aus der einseitigen Abhängigkeit vom Baumwollexport lösen und eine Produktionsstruktur erhalten, die sich mehr an den Bedürfnissen des Landes orientierte und es insgesamt von Importen aus dem Ausland unabhängiger machte. Massive Investitionen in die Infrastruktur, etwa im Zusammenhang mit dem Assuan-Damm der Ausbau des Bewässerungssystems und der Energieversorgung, schufen Grundlagen für die Industrialisierung und Diversifizierung. Trotz der hohen

Priorität für die Industrialisierung wurde der Agrarsektor nicht vernachlässigt, da die Landwirtschaft den Nahrungsmittelbedarf für die rasch wachsende Bevölkerung decken und zudem – über die Baumwolle hinaus – Rohstoffe für die industrielle Weiterverarbeitung liefern sollte.

Bis Mitte der 60er Jahre wandelte sich die Wirtschaft grundlegend: In die privatwirtschaftlich organisierte Wirtschaft mit ihrem hohen ausländischen Kapitalanteil hatte der Staat vor 1952 kaum steuernd eingegriffen. Das neue Regime dagegen drängte mit wirtschaftspolitischen Maßnahmen, vor allem der stufenweisen Nationalisierung, zunächst den Einfluß ausländischer Unternehmen zurück und brachte dann bis Anfang der 60er Jahre auch alle bedeutenderen ägyptischen Unternehmen unter staatliche Kontrolle. Parallel dazu wurden zunehmend Planungsinstrumente für die binnengerichtete Entwicklungsstrategie entwickelt und dabei die Aufgaben des öffentlichen Sektors immer mehr ausgeweitet. Die nach und nach durch Nationalisierungen, aber auch durch neue Industrien „ägyptianisierte“ Wirtschaft wurde vom Staat umfassend geplant und gesteuert. Der Anteil des öffentlichen Sektors an der gesamten Wertschöpfung war dementsprechend seit der Revolution bis 1965 von 15% auf 36% angestiegen, im Bereich der verarbeitenden Industrie sogar auf über 90%.

Eine einfache Umverteilung des bereits Vorhandenen wäre entwicklungspolitisch sinnlos gewesen: Hätte man beispielsweise die gesamte landwirtschaftliche Nutzfläche in gleich großen Stücken unter alle Bauern aufgeteilt, hätte keiner mehr genug gehabt, auch nur das Existenzminimum für seine Familie zu sichern. Darum war es sinnvoller, einer beschränkten Zahl von Kleinstbauern so viel Land dazuzugeben, daß wirtschaftliche Betriebsgrößen entstanden. Für die meisten Ägypter mußte gerechtere Verteilung durch indirekte Maßnahmen erreicht werden: durch Fixierung von Mindestlöhnen, Obergrenzen für Pachtzinsen, staatlich festgesetzte Preise für Grundnahrungsmittel und andere Güter des Massenbedarfs und vor allem durch einen massiven Ausbau des Erziehungs- und Gesundheitswesens.

So wenig konkret Nassers entwicklungspolitische Vorstellungen zunächst auch waren, an Entschlossenheit, die für die Durchsetzung seiner Ziele erforderlichen Mittel in die Hände zu bekommen, fehlte es ihm nicht. Mit der Auflösung von Parlament und Parteien, mit der Verfolgung von Kommunisten und Muslimbrüdern als den gefährlichsten außerparlamentarischen Oppositionsgruppen, mit der wachsenden Kontrolle über alle gesellschaftlichen Organisationen von den Gewerkschaften und Berufsverbänden über Frauenorganisationen bis zu den Studentenvertretungen hatten die „Freien Offiziere" ihre Herrschaft zunächst einmal abgesichert. Um andererseits die Bevölkerung für die Ziele des Regimes zu aktivieren, begann Nasser sehr bald, auch politische Organisationen wie die 1956 gegründete „Nationale Union" und ab 1962 die straffer organisierte „Arabische Sozialistische Union" aufzubauen (vgl. Kap. 8). Letztere sollte die Bevölkerung durch die Ideologie des „Arabischen Sozialismus" mobilisieren, um dem ins Stocken geratenen gesellschaftlichen Transformationsprozeß neue Impulse zu geben und damit zugleich innergesellschaftliche Widerstände gegen die Entwicklungsstrategie des Regimes abzubauen.

Nasser verdankte die Stabilität seiner autoritären Herrschaft und die positiven Ergebnisse seiner Entwicklungsstrategie bis Mitte der 60er Jahre einer erfolgreichen Außenpolitik, mit der er beides absicherte. Das vordringlichste Problem der formellen Unabhängigkeit konnte er in Verhandlungen relativ schnell lösen: 1954 verpflichtete sich Großbritannien zum vollständigen Truppenabzug innerhalb von 20 Monaten. Schwieriger war es für Nasser, sich angesichts der zunächst noch unverändert hohen wirtschaftlichen Abhängigkeit politischem Druck westlicher Wirtschaftspartner zu entziehen – wie ihn beispielsweise die USA 1954/55 auszuüben versuchten, als sie Ägypten zum Beitritt in einen gegen die Sowjetunion gerichteten Militärpakt, den späteren „Bagdad-Pakt", drängten.

Die erhofften außenpolitischen Handlungsspielräume gewann Nasser durch zwei geschickt miteinander verbundene Strategien. Nach der Rückkehr von der ersten Konferenz der sog. „Blockfreien" in Bandung im Frühjahr 1955 wurde Nasser zusammen mit dem indischen Premierminister Nehru und dem jugoslawischen Staatspräsidenten Tito zum wichtigsten Exponenten der Politik des „positiven Neutralismus". Diese Politik bot jedem aktive Zusammenarbeit an, der bereit war, die Unabhängigkeit des jeweiligen „blockfreien" Staates zu respektieren. Der „positive Neutralismus" erlaubte es Nasser, in Verbindung mit einem aggressiven Panarabismus als seiner zweiten außenpolitischen Strategie, eine Politik der Äquidistanz – des gleichen Abstandes – zu beiden Blöcken des „Kalten Krieges" zu propagieren und gleichzeitig die Gegensätze zwischen den Blöcken für sein Land auszunutzen.

Als die USA sich weigerten, Ägypten Waffen zu verkaufen, wandte Nasser sich 1955 an die Sowjetunion, die ihm prompt doppelt so viel lieferte, wie er von den USA hatte haben wollen. Als die Sowjetunion dann auch noch bereit schien, den Assuan-Hochdamm zu bauen, zögerten die USA nicht mehr, den Damm gemeinsam mit der Weltbank und Großbritannien zu finanzieren. Da Nasser sich dadurch aber nicht von seiner Neutralitätspolitik abbringen ließ und gar Maos China diplomatisch anerkannte, zog der Westen im Juni 1956 die Finanzierungszusage zurück. Nasser reagierte auf den Affront mit der Verstaatlichung der Suezkanal-Gesellschaft, um mit den Gewinnen aus dem von Ägyptern gebauten Kanal den Damm zu finanzieren.

Nassers provozierendes Verhalten verführte die britische Regierung zu einem Abenteuer im guten alten Kolonialstil: Mit Israel (David Ben Gurion), das über die sowjetischen Waffenlieferungen an Ägypten beunruhigt war, und Frankreich (Guy Mollet), dem Nassers Unterstützung für die algerische Unabhängigkeitsbewegung ein Dorn im Auge war, verabredete Großbritannien (Anthony Eden) eine Militäraktion, die Nassers Sturz zum Ziel hatte. Die militärisch erfolgreiche Operation wurde zum politischen Fiasko, als die Sowjetunion (Nikita Chruschtschow) mit dem Einsatz von Raketen drohte und auch die USA (Dwight D. Eisenhower) diplomatisch intervenierten, um die Dreier-Allianz zum Rückzug zu zwingen.

Nassers militärische Niederlage im Suez-Krieg verwandelte sich in einen politischen Triumph, der ihn für viele Jahre zum unbestrittenen Helden aller arabischen Nationalisten machte: Er hatte gezeigt, daß sich auch eine schwache Nation, wenn ihr Führer nur entschlossen genug war, gegen eine Großmacht behaupten konnte. Mit seinen flammenden Rundfunkreden konnte er in den folgenden Jahren in fast allen großen Städten der arabischen Welt Menschenmassen auf die Straßen bringen, die sich hinter seine Ziele stellten. Staatsstreiche des Militärs im Irak, im Sudan, im Jemen orientierten sich am Vorbild der „ägyptischen Revolution", und die Vereinigung Syriens mit Ägypten zur Vereinigten Arabischen Republik 1958 schien der konkrete Beginn des großen arabischen Einigungswerks. Auf Jahre hinaus konnte Nasser seinen politischen Einfluß in der Region nutzen und aus den führenden Industrienationen in West und Ost mehr Wirtschaftshilfe herausholen, als irgendein anderes Entwicklungsland vergleichbarer Größe bekommen hat.

Wichtiger als alle außenpolitischen Erfolge Nassers waren die wirtschaftlichen und sozialen Ergebnisse seiner Politik, die ja mit der Außenpolitik nur abgesichert werden sollten. Und diese Ergebnisse waren beachtlich: Von der Suez-Krise bis Mitte der 60er Jahre erlebte Ägypten ein dynamisches Wirtschaftswachstum mit einem realen jährlichen Zuwachs des Sozialprodukts von zunächst durchschnittlich 4% und ab 1960 etwa 6%. Die industrielle Produktion wuchs sogar noch schneller, längere Zeit mit über 8% im Jahr. Bis 1960 hatte Ägypten eine breite industrielle Basis und konnte seine Exportstruktur deutlich verbessern: Der Anteil der Rohbaumwolle ging von 84% im Jahr 1952 schon bis 1960 auf 71% und bis 1970, dem Todesjahr Nassers, sogar auf 46% zurück. Gleichzeitig verfünffachte sich der Anteil von Industrieerzeugnissen am Export von nur 6% im Jahr 1952 auf 30% im Jahr 1970, wovon jeweils etwa die Hälfte auf Textilien entfiel. Nach einer vergleichenden Untersuchung der UN-Konferenz für Handel und Entwicklung (UNCTAD) war Ägypten in den 60er Jahren das Entwicklungsland, dem es stärker als jedem anderen gelungen ist, seine Exporte zu diversifizieren.

Wegen des anhaltend hohen Bevölkerungswachstums war das Pro-Kopf-Einkommen nur sehr viel langsamer gewachsen als das Bruttosozialprodukt. Trotzdem haben sich die Lebensbedingungen der Menschen spürbar verbessert, wobei sich vor allem die Investitionen in Gesundheit, Erziehung und soziale Dienste auszuzahlen begannen: Da der Anteil des Sozialprodukts, der für das Gesundheitswesen ausgegeben wurde, auf das Dreifache stieg, konnten die endemischen Krankheiten Ägyptens wie Malaria und Bilharziose eingedämmt und neben der Krankenfürsorge auch die Vorbeugung erheblich verbessert werden. Dadurch erhöhte sich in der Nasser-Ära zum Beispiel die Lebenserwartung eines Ägypters bei der Geburt um fast 10 Jahre auf 51.

Auch im Erziehungswesen gab es – zumindest quantitativ – deutliche Verbesserungen: Die Zahl der Grundschüler hatte sich bis 1970 mehr als verdreifacht, und bereits 41% aller Ägypter im Alter von zehn und mehr Jahren konnten lesen und schreiben, während es 1952 erst 22% gewesen waren. Da das Regime, um das Qualifikationsniveau der Bevölkerung möglichst schnell zu verbessern, jedem Hochschulabsolventen einen Arbeitsplatz garantierte, hatte sich der Anteil der Hochschulstudenten an der entsprechenden Altersgruppe vervierfacht. Schon in den 60er Jahren konnte Ägypten deswegen über 100000 Lehrer, Ärzte und Ingenieure als Fachleute in arabische und afrikanische Länder entsenden und durch die Überweisungen dieser ersten ägyptischen „Gastarbeiter" seine Deviseneinnahmen erhöhen.

In den frühen 60er Jahren, auf der Höhe von Nassers Erfolgen, zeigte der „Nasserismus" erste Krisenzeichen: In Syrien verschworen sich Unternehmer, deren Betriebe nationalisiert worden waren, mit Offizieren, die sich nicht länger von ägyptischen Militärs bevormunden lassen wollten, zu einem Staatsstreich, durch den Syrien 1961 wieder aus der Union mit Ägypten herausgebrochen wurde. Diesen Schlag gegen sein Prestige als Symbolfigur der arabischen Einheit konnte Nasser innenpolitisch zwar auffangen. Als aber im darauffolgenden Jahr ein Staatsstreich des Militärs im Jemen zum Bürgerkrieg führte, unterstrich er seinen und Ägyptens Führungsanspruch durch massives militärisches Engagement auf Seiten der Republikaner. Dadurch verwickelte er 70000 Elitesoldaten in ein verlustreiches Unternehmen, aus dem die Armee sich nach Jahren wieder zurückziehen mußte, ohne eine militärische Wende im Konflikt herbeigeführt zu haben.

In eben jenen Jahren erwuchs Nasser in Kronprinz (ab 1964: König) Faisal von Saudi-Arabien ein Gegenspieler, dem es gelang, die konservativen arabischen Monarchien gegen die von Nasser geführten radikalen Regime zu einen. 1963/64 reduzierten bzw. beendeten zudem die USA und in deren Gefolge die meisten ihrer Verbündeten ihre Wirtschaftshilfe für Ägypten. Auslöser war Nassers Parteinahme für die „falsche" Seite in der Kongo-Krise. Der tiefere Grund lag jedoch darin, daß Ägypten in der Phase reduzierter Ost-West-Spannungen nach der Kuba-Krise weniger Druck auf die Großmächte ausüben konnte. Danach war nur noch die Sowjetunion bereit, Ägypten in großem Umfang mit Wirtschafts- und Militärhilfe zu unterstützen.

Während Nassers Stern in der arabischen Welt an Glanz verlor, geriet auch sein Entwicklungsweg im Inneren in Schwierigkeiten: Die Konzentration auf kapitalintensive, erst langfristig voll wirksame Großprojekte wie den Assuan-Staudamm und die Schwerindustrie ließ zuwenig Mittel für den Ausbau der Nahrungsmittel- und Konsumgüterproduktion übrig. Dieser wäre aber wegen des Bevölkerungsdrucks, der Bodenknappheit und des Mangels an produktiven Arbeitsplätzen kurzfristig mindestens ebenso notwendig gewesen. Der Mangel an produktiven Arbeitsplätzen verstärkte noch den Druck auf die Bürokratie, die wegen der staatlichen Arbeitsplatzgarantie maßlos aufgebläht wurde. Nicht nur das: Da der schnelle Breitenausbau des Erziehungswesens das allgemeine Ausbildungsniveau gesenkt hatte, mußten in den Staatsdienst allzuoft gerade die am wenigsten Qualifizierten übernommen werden, die keinen Arbeitsplatz im In- oder Ausland hatten finden können. Überbürokratisierung ging einher mit Planungsschwächen, Fehlentscheidungen bei der Projektauswahl und unzureichender Vernetzung der einzelnen Industrien und Wirtschaftssektoren. Die autoritären Strukturen des Regimes und die ab Mitte der 60er Jahre wieder zunehmende Repressivität förderten darüber hinaus die Ineffizienz des Systems, insbesondere weil es außerhalb der eigentlichen Machtzentren auf allen Ebenen an Verantwortungsbewußtsein und Entscheidungsbereitschaft mangelte.

Letztlich gescheitert ist das nasseristische Entwicklungsmodell aber wohl an den Finanzierungsproblemen: Mehr noch als die Ausgaben für Erziehung und Gesundheit und die hohen Kosten der staatlichen Beschäftigungspolitik belasteten rapide wachsende Militärausgaben den Staatshaushalt. Diese stiegen nach dem Suez-Krieg in den späten 50er Jahren, während des Jemen-Krieges Mitte der 60er Jahre, vor allem aber nach der Niederlage im Juni-Krieg 1967 gegen Israel jeweils deutlich an und steigerten ihren Anteil am Bruttosozialprodukt von 4% im Jahr nach der Revolution auf viel zu hohe 18% im Jahr 1970.

Der steigende staatliche Konsum drückte die Inlandsersparnisse, die zunächst durch die Wirtschaftspolitik des Regimes auf bis zu 15% des Bruttosozialprodukts gesteigert worden waren, bis 1970 auf weniger als 9% herunter. Das war nur noch gut ein Drittel dessen, was Ägypten an Investitionsmitteln gebraucht hätte, um die bereits begonnenen und noch geplanten Projekte der ersten zehnjährigen Planungsperiode finanzieren zu können. Diese hatte zwar mit dem 1. Fünfjahresplan (1960–65) vielversprechend und im Ergebnis recht erfolgreich begonnen, doch schon in den Anfangsjahren war die Investitionsquote mit durchschnittlich 20% deutlich hinter den Hoffnungen zurückgeblieben. Immerhin hatte Nasser damals noch in erheblichem Umfang „externe Ersparnisse" mobilisieren können, das heißt: ausländische Kredite bekommen können, die die Lücke zwischen den eigenen Ersparnissen und den notwendigen Investitionen schloß. Diese Lücke war Ende der 60er Jahre unüberbrückbar geworden.

Anwar el-Sadats „Öffnungspolitik"

Am „Schwarzen Freitag", dem 9. Juni 1967, strömen die Menschen in großen Scharen ins Stadtzentrum von Kairo, um ihren *ra'is* – ihren „Präsidenten" – ins Amt zurückzurufen. Nasser hatte gerade über den Rundfunk seinen Rücktritt von allen Ämtern verkündet, nachdem das Ausmaß der Niederlage im Krieg gegen Israel sichtbar geworden war. Wut und Verzweiflung der Menschen über die „Katastrophe“, die auf Jahre hinaus ihr Leben überschatten sollte, verwandelt sich in dieser Situation spontan in Trotz und Solidarität mit dem Mann, der ihnen nach all den Demütigungen der Kolonialzeit Hoffnung und ein Gefühl der Würde gegeben hat und durch den sie ein wenig mehr soziale Gerechtigkeit erlebt haben ...

Nasser hat seine Ämter wieder übernommen und ist bis zu seinem Tode im September 1970 Ägyptens Präsident geblieben. Doch der „Nasserismus“ als panarabische Mobilisierungsmacht und als spezifisches, binnengerichtetes Entwicklungsmodell überdauerten die Niederlage von 1967 nicht. Die israelische Armee hatte in nur vier Tagen die ägyptischen Streitkräfte vernichtend geschlagen und stand am Suezkanal. Sehr schnell begriffen die Ägypter, daß die enorme militärische Überlegenheit Israels für eine nicht minder große wirtschaftliche und technologische Überlegenheit dieses – aus arabischer Perspektive – „westlichen“ Landes stand. Der Abstand zum Westen, so erkannten sie allmählich, hatte sich mit dem Aufbau des „Arabischen Sozialismus“ im vorangegangenen Jahrzehnt nicht verringert, sondern im Gegenteil noch vergrößert. Die Niederlage erschütterte darum nach dem Vertrauen in das Militär sehr bald auch die Legitimationsbasis des gesamten Systems.

Die Sowjetunion war zwar bereit, Ägypten in erheblichem Umfang das verlorene Kriegsmaterial zu ersetzen und auch die Wirtschaftshilfe zu verstärken. Als nachteilig erwies sich aber deutlicher als je zuvor, daß Ägypten allmählich in einseitige militärische und wirtschaftliche Abhängigkeit von der Sowjetunion geraten war. Zweifellos hat die Sowjetunion Ägypten besonders beim Industrieaufbau über einen langen Zeitraum außerordentlich unterstützt. Die vielen mit westlicher Hilfe begonnenen Projekte konnte sie jedoch nur bedingt weiterführen. Genau das aber wäre nötig gewesen.

Seit Mitte der 60er Jahre hatten sich die Wirtschaftsprobleme verschärft, besonders deutlich im industriellen Sektor, wo aufgrund von Kapitalmangel und Planungsschwächen in einzelnen

Industriezweigen bis zu 40% der Kapazität ungenutzt blieben. Notwendige Ersatzteile bzw. neue Maschinen waren für viele Industrieanlagen nur im Westen, und das hieß: nur gegen Devisen, zu bekommen. Ägypten mußte aber einen immer höheren Anteil seiner Devisenerlöse für Nahrungsmittelimporte ausgeben, weil die Nahrungsmittelproduktion langsamer wuchs als der Verbrauch. Da die USA 1964 auch die Nahrungsmittelhilfe eingestellt hatten, hatte sich der Devisenbedarf für Weizenimporte zusätzlich erhöht. Gleichzeitig aber wurden die Deviseneinnahmen immer geringer, denn das Gros der Baumwollernte wurde im Rahmen des geldlosen Warenaustauschs an die Sowjetunion geliefert. Auch entfielen nach dem Juni-Krieg 1967 die Einnahmen aus dem gesperrten Suezkanal und den besetzten Ölfeldern auf dem Sinai.

Wollte Ägypten seine wirtschaftlichen Probleme wieder in den Griff bekommen, mußte es mehr Privatinitiative zulassen, die starre Reglementierung der Industrie aufgeben und dem Privatsektor größere Entfaltungsmöglichkeiten einräumen. Zugleich mußte es versuchen,die einseitige Abhängigkeit von der Sowjetunion durch Wiederannäherung an den Westen zu lösen.

Die daraus resultierende Politik der „Öffnung" (*infitah*) ist mit dem Namen Anwar el-Sadats verbunden, begann jedoch schon in den letzten Jahren unter Nasser, als rund um den öffentlichen Sektor ein neues privates Unternehmertum mit Reparatur- und Zulieferbetrieben, Bauunternehmen, Import-Export-Geschäften u.a.m. entstand. Hochspezialisiert, zog dieses Unternehmertum seine Profite nicht zuletzt aus guten Verbindungen zu Managern und Spitzenbürokraten des öffentlichen Sektors. Enge persönliche und bald auch wirtschaftliche Verflechtungen mit der militärisch-bürokratischen Elite des Regimes ermöglichten es zudem vielen Mitgliedern der vorrevolutionären Agrar-, Handels- und Industriebourgeoisie, sich wieder in der Wirtschaft zu engagieren. Diese neuen und alten Kräfte wurden bald nach Nassers Tod zur sozialen Basis des Sadat-Regimes.

Die volle Entfaltung der Sadatschen Öffnungspolitik wurde allerdings durch innen- und außenpolitische Hemmnisse jahre-

Abb.6: Spuren vergangener Kriege am Suezkanal: Von Anbeginn stand der wirtschaftlich und strategisch bedeutende Kanal im Mittelpunkt politischer und militärischer Auseinandersetzungen.

lang blockiert. Der Widerstand im Inneren kam von „Machtzentren“, die sich in den letzten Jahren unter Nasser im Staatsapparat und in der „Arabischen Sozialistischen Union“ gebildet hatten. Diese recht heterogenen, teils pro-sowjetischen, teils sonstigen linken bzw. „nasseristischen“ Kräfte einte vor allem die Abneigung gegenüber Sadat. Sadat entledigte sich dieser Machtkonkurrenten im Mai 1971 durch einen Staatsstreich von oben, die sog. „Korrektiv-Revolution“, mit der er einen Prozeß der „Ent-Nasserisierung“ von Politik und Gesellschaft begann. Erst vorsichtig, dann immer energischer trat Sadat dabei aus dem Schatten seines übergroßen Vorgängers heraus. Nassers persönliche Integrität blieb zwar unangetastet, viele seiner Vertrauten und Mitarbeiter jedoch wurden wegen Machtmißbrauchs und Korruption zu langen Haftstrafen verurteilt.

Als größte Barriere gegenüber dem Ausland erwies sich die mangelnde Glaubwürdigkeit des Regimes. Wie sollte ein Land, das seit 1948 fünf Kriege geführt hatte, potentiellen Investoren Sicherheit gewährleisten – vor allem nachdem der sog. „Abnutzungskrieg" der Jahre 1968/70 gerade erst die letzten noch intakt gebliebenen Erdöl-Raffinerien und anderen Industrieanlagen in der Suezkanalzone zerstört hatte? Sadat beteuerte zwar seinen Friedenswillen, doch Israel reagierte nicht auf seine Angebote, den Kanal wieder zu öffnen, wenn Israel das Ostufer räumen würde. Sadats Drohungen, Israel notfalls militärisch zum Rückzug zu zwingen, wurden schon gar nicht ernst genommen – bis er sie im Oktober 1973 wahr zu machen versuchte. Diesmal verlief der Krieg für Ägypten erfolgreicher und erschütterte Israels Nimbus, unbesiegbar zu sein. Dadurch wuchs auch bei Israel die notwendige Kompromißbereitschaft, die es dem amerikanischen Außenminister Henry Kissinger ermöglichte, erste Schritte zum Frieden zu vermitteln.

Da Sadat bereits ein Jahr vor dem „Oktober-Krieg" die 17 000 sowjetischen Militärberater nach Hause geschickt hatte, stand der erhofften Annäherung an die USA nichts mehr im Wege. Nachdem die außenpolitischen Weichen gestellt waren, legte Sadat in seinem „Oktober-Papier" vom April 1974 die innen- und wirtschaftspolitischen Prinzipien der „Öffnungs-Politik" fest, die in den folgenden Jahren gesetzgeberisch umgesetzt wurden.

Mit der Auflösung der staatlichen Dachorganisationen für die einzelnen Wirtschaftszweige begann die Deregulierung des öffentlichen Sektors: Die einzelnen Betriebe wurden nicht mehr bis ins kleinste Detail der Produktion, Preisgestaltung und Vermarktung von der Bürokratie gegängelt, sondern erhielten zunehmenden Entscheidungsspielraum und durften vor allem mit ausländischen Kapitalgebern *joint ventures*, also gemeinsame Unternehmungen, vereinbaren. Die strikten Devisenkontrollen wurden gelockert, Importbeschränkungen aufgehoben und das de facto bestehende staatliche Außenhandelsmonopol auf wenige Produkte wie Grundnahrungsmittel, Baumwolle und Erdöl eingeschränkt. Ein Investitionsgesetz schuf äußerst vorteilhafte

Anlagebedingungen für ausländische Investoren, insbesondere in den sog. „Freien Produktionszonen", wo noch günstigere Konditionen für Zölle, Steuern, Gewinntransfer usw. galten und in denen sogar wichtige soziale Regelungen der ägyptischen Arbeitsgesetzgebung wie z. B. der Kündigungsschutz aufgehoben waren. Dieselben Investitionsbedingungen galten auch für Ägypter, die ihr Auslandskapital zurückholen, bzw. für wohlhabende Auslandsägypter, wenn sie mit ihrem Vermögen zurückkehren würden.

Besonders wohlhabend waren viele Muslimbrüder geworden, die vor der Verfolgung ihrer Organisation unter Nasser nach Saudi-Arabien und in andere Golfstaaten geflohen waren. Wollte Sadat ihre Rückkehr, mußten sie sichere Lebens- und Arbeitsbedingungen vorfinden. Sadats Amnestie für alle inhaftierten Muslimbrüder und später die Duldung ihrer Organisation (vgl. dazu Kap. 8 und 9) hatte darüber hinaus zweifellos positive Auswirkungen auf die Annäherung an Saudi-Arabien und die anderen Golf-Staaten, deren wirtschaftliche und politische Hilfe Ägypten dringend brauchte. Schließlich paßte eine geänderte Haltung gegenüber den Muslimbrüdern gut zu Sadats Bemühen, sich ideologisch von Nasser abzusetzen. Statt vom arabischen Sozialismus zu reden, betonte Sadat den islamischen Charakter der ägyptischen Gesellschaft und demonstrierte zugleich dem Westen gegenüber die Liberalität eines neuen, sich allmählich demokratisierenden Ägypten.

Mit geradezu atemberaubender Geschwindigkeit begann die neue Politik 1974/75 zu greifen: Kapital auf der Suche nach profitablen Anlagemöglichkeiten strömte nach Ägypten und wurde vor allem in Banken und Handel, in Hotels und Tourismusprojekte sowie in den privaten Wohnungsbau investiert. Die Industrie kam schnell wieder auf hohe Zuwachsraten, allein weil sie Ersatzteile und neue Maschinen beschaffen und darüber Engpässe abbauen konnte. Die Neuinvestitionen im produktiven Bereich blieben jedoch weit hinter den Erwartungen zurück – sieht man vom schnell expandierenden Erdölsektor ab, dessen Produktion nach der Rückgabe der Sinai-Felder durch Israel, vor allem aber durch die Erschließung neuer Ölfelder so rasch anstieg, daß Ägypten zum Nettoexporteur von Erdöl wurde und damit schon 1980 doppelt soviel Devisen einnahm wie mit dem Export von Baumwolle und Textilien.

Nicht nur durch das Erdöl verbesserte sich die Devisenlage Ägyptens. Der bis 1975 geräumte und wiedereröffnete und in den folgenden Jahren noch erweiterte Suezkanal brachte sehr bald höhere Einnahmen als je zuvor. Ägyptische Gastarbeiter profitierten vom Wirtschaftsboom in den reichen Ölstaaten und überwiesen Milliardensummen an ihre Familien zu Hause – ganz abgesehen von den hohen Summen, die in den profitablen Devisenschwarzmarkt flossen. Sadats Friedenspolitik wirkte sich zudem positiv auf den Tourismus aus, der in den 70er Jahren einen nie gekannten Umfang annahm, als in großer Zahl Araber aus den Golfstaaten den Sommer im für sie kühleren und abwechslungsreicheren Kairo verbrachten. Als die arabischen Touristen nach dem Friedensabschluß mit Israel weniger wurden, kamen dafür mehr europäische und amerikanische Bildungsreisende als je zuvor (vgl. auch Kap. 12). Schließlich floß neben dem Investitionskapital endlich wieder in erheblichem Umfang Entwicklungshilfe westlicher und daneben erstmals arabischer Geber nach Ägypten. Gestützt auf die sprudelnden Devisenquellen bescherte der Import- und Investitionsboom Ägypten von 1975 bis 1979/80 eine neue Phase dynamischen Wachstums mit einer realen Zuwachsrate des Bruttosozialprodukts von durchschnittlich 8,7%. Trotz des hohen Bevölkerungswachstums stieg auch das Pro-Kopf-Einkommen in jenen Jahren um fast 6% im Jahr. Die Wachstumsstrategie des Regimes schien sich schnell auszuzahlen.

Nicht minder schnell zeigte sich allerdings auch deren Kehrseite: Der Importboom erlaubte zwar der neuen Oberschicht und Teilen der Mittelschicht, lang aufgestaute Konsumbedürfnisse zu befriedigen, führte aber in kurzer Zeit zu einer „importierten" Inflation von geschätzten 25 – 30% pro Jahr, die durch Lohn- und Gehaltserhöhungen nur zum Teil ausgeglichen wurde. Insbesondere jene Hunderttausende von Arbeitern und Angestellten des öffentlichen Dienstes, darunter vor allem die Frauen, die kein zusätzliches Einkommen aus Nebentätigkeiten im privaten Sektor bezogen, mußten deutliche Einkommenseinbußen hinnehmen (vgl. Kap. 7).

Das erstaunliche Wachstum des Pro-Kopf-Einkommens von fast 6% pro Jahr erweist sich so bei näherem Zusehen als ein statistischer Mittelwert, hinter dem sich verbirgt, daß in Ägypten unter Sadat vor allem die Wohlhabenderen schnell reicher wurden, während die große Mehrheit der Armen, aber auch die meisten Angehörigen der unteren Mittelschichten ihr Einkommen kaum steigern konnten oder gar noch ärmer wurden. Erst gegen Ende der 70er Jahre verbesserte der massive Anstieg der Arbeitsmigration die Einkommenssituation vieler ärmerer Familien: Die einen profitierten direkt durch Überweisungen von Angehörigen, andere indirekt, weil die Arbeitsmigration in die Golfstaaten zu erheblichem Arbeitskräftemangel vor allem in der Landwirtschaft und im Bausektor führte, so daß hier die Reallöhne kräftig anstiegen.

Ehe diese Einkommenseffekte wirksam wurden, hatte sich allerdings schon der wachsende Unmut der Bevölkerung über die Verschlechterung der Lebensverhältnisse in gewaltsamen Demonstrationen Luft gemacht, als die Regierung im Januar 1977 einige bis dahin subventionierte Preise für Grundnahrungsmittel und andere lebensnotwendige Güter um bis zu 40% erhöhte. Etwa 80 Tote und weit über 500 Verletzte forderten die Unruhen, ehe die Regierung die Preiserhöhungen wieder zurücknahm. Der Internationale Währungsfonds (IWF) hatte Ägypten zu Preiserhöhungen als Stabilisierungsmaßnahme gedrängt, damit der Staatshaushalt von viel zu hohen Subventionszahlungen entlastet würde. Die folgenden „Brotunruhen" waren die bis dahin schwersten, aber keineswegs die letzten, die die „Stabilisierungspolitik" des IWF in hochverschuldeten Entwicklungsländern wie Ägypten ausgelöst haben.

Ägyptens Auslandsschulden sind unter Sadat noch schneller gewachsen als die Deviseneinnahmen oder das Sozialprodukt. Von den Schulden für Militärlieferungen aus der Sowjetunion abgesehen, betrugen sie am Ende der Nasser-Zeit 1,6 Mrd. US-$ und stiegen bis 1981 um mehr als das Achtfache auf knapp 14 Mrd. US-$ an (vgl. auch Kap. 6). Eine Verschuldung in dieser Höhe hätte für Ägypten durchaus sinnvoll sein können, wenn das Geld hauptsächlich in den produktiven Bereich investiert worden wäre. Doch die Investitionsmittel flossen neben dem Erdölbereich zunächst vor allem in kurzfristig profitable Projekte im Dienstleistungssektor und im Wohnungsbau, aber kaum in risikoreichere langfristige Industrieprojekte. Zudem verschlangen die Importe einen viel zu hohen Devisenanteil für Konsumzwecke. Seit Mitte der 70er Jahre waren Ägyptens Importe doppelt bis dreimal so hoch wie die Exporte, so daß in den meisten Jahren nicht einmal sämtliche Deviseneinnahmen aus Export, Suezkanalgebühren, Tourismus und Gastarbeiterüberweisungen zusammen ausreichten, die Importe zu finanzieren.

Während die Investitionen nicht dorthin flossen, wohin sie das Investitionsgesetz von 1974 lenken sollte, trug der Staat seinen Teil dazu bei, die wirtschaftliche und soziale Situation trotz des imposanten Wachstums zu verschlechtern. Nach offizieller Lesart hatte Ägypten ein gemischtwirtschaftliches System wie unter Nasser, nur jetzt mit einem größeren Anteil des privaten Sektors an den Investitionen und mit größerem Spielraum für den öffentlichen wie den privaten Sektor. De facto herrschte jedoch im Privatsektor ein völlig ungebremster Frühkapitalismus, der Spekulationsgewinne ermöglichte, die in keinem nachvollziehbaren Verhältnis zur Produktivität der entsprechenden Unternehmungen standen.

Auf der anderen Seite wurde kaum etwas getan, die Betriebe des öffentlichen Sektors konkurrenzfähig zu machen. Im Gegenteil: Bürokratische Hemmnisse blockten allzuoft interessante *joint ventures* ab. Darüber hinaus erließ die Regierung eine Reihe von Verordnungen, die darauf abzuzielen schienen, den öffentlichen Sektor auf dem ägyptischen Markt konkurrenzunfähig zu machen. Für den Import von Rohstoffen, Halbfertigwaren und Maschinen galten beispielsweise häufig höhere Zollsätze als für die entsprechenden Fertigwaren. Das führte dazu, daß die Herstellungskosten für ägyptische Kühlschränke und Fernsehgeräte höher lagen als die Marktpreise für westliche Importgeräte, die die Käufer sowieso für „besser“ hielten. Der Verdrängungswettbewerb kannte aber auch noch effektivere Wege: So wurde der Firma „Coca Cola" vor der Niederlassung ein so hoher Anteil am ägyptischen „*soft drink*"-Markt garantiert, auf dem sich damals bereits „Seven Up" und „Canada Dry" tummelten, daß damit eindeutig zugleich das Aus für „Siko Cola" und andere klebrig-süße Getränke aus ägyptischer Produktion beschlossen war.

Nicht nur die staatlichen Wirtschaftsbetriebe wurden unter Sadat sträflich vernachlässigt, sondern auch Investitionen in die Landwirtschaft: Insbesondere wurde viel zu wenig für den Ausbau des Drainage-Systems getan, was zu den unabdingbar notwendigen Folgeinvestitionen zum Assuan-Hochdamm gehört hätte. Verlangsamtes Wachstum der landwirtschaftlichen Produktion und die dramatische Versalzung von wertvollem Fruchtland waren die Folgen (vgl. dazu Kap. 5).

Die Ausgaben für Erziehung und Gesundheit hielten zwar einigermaßen das unter Nasser erreichte Niveau. Die problematischen Prioritäten im Staatshaushalt wurden jedoch an den Militärausgaben deutlich, die noch einmal erheblich gesteigert wurden und 1974 im Gefolge des Oktober-Krieges kurzzeitig sogar den phantastischen Anteil von über einem Drittel des Bruttosozialprodukts verschlangen – als Anteil am BSP etwa dreimal so viel wie der Anteil, den die USA und die Sowjetunion im „Kalten Krieg" für ihr Militär aufgewandt haben! Allerdings kam Ägyptens Gegner Israel im selben Jahr auf einen noch höheren Anteil.

Während als Folge der wirtschaftlichen Liberalisierung sehr bald die soziale Schere scharf auseinanderklaffte, wurde nach den „Brotunruhen" vom Januar 1977 auch die politische Liberalisierung Schritt für Schritt zurückgenommen. Mit seiner Reise nach Jerusalem im November 1977 und dem anschließenden Verhandlungsprozeß bis zu den Rahmenabkommen von Camp David bzw. zum Friedensvertrag mit Israel gewann Sadat zwar international größtes Ansehen. Im Inneren dagegen verlor er zunehmend an Glaubwürdigkeit und Legitimität, was er in wachsendem Maße mit repressiven Maßnahmen beantwortete. Dabei wurde die seit 1974 schrittweise gewährte Presse- und

Meinungsfreiheit und der Handlungsspielraum der neu geschaffenen politischen Parteien wieder eingeschränkt (vgl. dazu Kap. 8). Als auch dies die wachsende Opposition nicht zum Schweigen brachte, ließ Sadat im September 1981 in einem letzten Versuch, sein Regime zu retten, 1500 führende Muslimbrüder, linke und nasseristische Politiker und Intellektuelle und selbst engagierte koptische Geistliche verhaften.

Hosni Mubaraks Dilemma

Am Samstag, dem 10. Oktober 1981, scheint Kairo ruhiger als sonst – so als seien die Menschen vom Schock der vergangenen Tage noch gelähmt: Vier Tage zuvor ist Präsident Sadat während der Militärparade zum 8. Jahrestag des Oktober-Kriegs von Mitgliedern der islamistischen Untergrundgruppe „*el-Jihad*" ermordet worden. Den Sturz des Regimes, der dadurch ausgelöst werden sollte, wollten andere Mitglieder derselben Gruppe zwei Tage später im oberägyptischen Assiut durch einen Aufstand beschleunigen, den die Armee aber inzwischen blutig niedergeschlagen hat. An diesem Samstag soll Sadat beerdigt werden. Führende Staatsmänner aus aller Welt sind zu den Beisetzungsfeierlichkeiten angereist, aber nur drei hochrangige Politiker aus arabischen Staaten sind darunter, und die Bevölkerung ist „aus Sicherheitsgründen" ganz ausgeschlossen. Welch ein Gegensatz zum Gedränge bei der Beisetzung Nassers, als geschätzte fünf bis acht Millionen Menschen schreiend und wehklagend versucht hatten, einen letzten Blick auf den Sarg ihres *ra'is* zu werfen! Diesmal bemühen sich nur wenige, dem Toten nahe zu sein. Die Menschen auf den Straßen weinen Sadat nicht nach...

Sadats Nachfolger Hosni Mubarak, den das Volk nur wenige Tage später mit den üblichen 98,5% der Stimmen zum neuen Präsidenten Ägyptens wählte, trat ein schwieriges Erbe an. Sadats Öffnungspolitik hatte die wirtschaftlichen Erwartungen nur bedingt erfüllt und fatale soziale und politische Folgen gezeitigt. Mit der Politik hatte ein ausgewogenes gemischtwirtschaftliches System errichtet werden sollen, in dem der Staat mit

Planungsvorgaben den Einsatz der knappen Investitionsmittel steuert. Ein starker öffentlicher Sektor hätte in diesem System die risikoreicheren Basisindustrien getragen, wäre aber zugleich eng mit einem wendigen privaten Sektor verflochten gewesen, wobei sich beide Sektoren wechselseitig Impulse geben sollten. In der Realität schienen sich aber nur die negativen Seiten eines liberal-kapitalistischen Systems und der „arabisch-sozialistischen" Planwirtschaft miteinander verbunden zu haben. Ungehemmte Gewinnsucht auf der einen Seite förderte Ausbeutung und Spekulation und führte zu wachsender sozialer Ungleichheit; bürokratische Schwerfälligkeit und Vetternwirtschaft auf der anderen behinderten die Produktivität und machten den Unterprivilegierten das Leben noch schwerer.

Erst allmählich ließ sich das ganze Ausmaß der Korruption erahnen, als Mubarak gegen die schlimmsten Auswüchse vorzugehen begann. Ein besonders krasses Beispiel, das monatelang die Medien beschäftigte, soll hier das Milieu rücksichtsloser Geschäftemacherei im Schatten der „Öffnungspolitik" bloßlegen: Sadats Halbbruder Ezmat el-Sadat war ursprünglich Fahrer in einem Ministerium und später, auf Anwar el-Sadats Vermittlung, in einem Verlagshaus gewesen. Bereits in den 60er Jahren hatte er sich in dunklen Geschäften versucht und dabei zweimal Erfahrungen mit dem Gefängnis gemacht. Als die Öffnungspolitik begann, war er so gut wie mittellos. Wäre er damals noch Fahrer in einer privilegierteren Position gewesen, hätte er mit monatlich 70 Ägyptischen Pfund (LE) – das entsprach damals etwa 300 DM – sicher nicht genug verdient, um nach unseren Vorstellungen halbwegs menschenwürdig zu leben. Aber er hätte auch nicht schlechter verdient als Hunderttausende von anderen Staatsdienern, von denen er sich nur durch seinen Namen unterschied und durch die Beziehungen, die sich damit herstellen ließen.

Viel mehr, als Beziehungen herzustellen, Türen zu öffnen und Geschäfte zu vermitteln, scheint Ezmat el-Sadat wohl auch nicht getan zu haben. Das allerdings mit außergewöhnlichem Erfolg. Denn als er 1982 verhaftet wurde, beschlagnahmte die Staatsanwaltschaft Geld- und Vermögenswerte im geschätzten Umfang von 130 Mio. LE (damals noch über 400 Mio. DM). Dieses unvorstellbare Vermögen hatte Ezmat el-Sadat in nur sieben Jahren zusammengebracht, in denen er im Schnitt *an jedem einzelnen Tag* – Feiertage eingeschlossen – so viel „verdiente", wie er als Fahrer bei gleichbleibendem Gehalt in etwa *sechzig Dienstjahren* verdient haben würde: nämlich fast 51 000 LE (bzw. 160000 DM). Was der Staatsanwaltschaft entgangen ist bzw. von Ezmat el-Sadat bereits im Ausland angelegt war, ist nicht bekannt.

Über Jahre war die Wirtschaft mit hohen Zuwachsraten gewachsen. Der versprochene *trickle down*-Effekt, das „Durchsickern" des neuen Wohlstands nach unten, war jedoch weitgehend ausgeblieben. Um 1981 kam es dann auch noch zu einem Wachstumseinbruch, als nach der zweiten Ölkrise die Ölpreise verfielen und zum ersten Mal deutlich wurde, daß Sadats Politik ebenso wie die Nassers nur aus einer Abhängigkeit in eine neue geführt hatte. Nasser hatte Ägypten zwar aus der Fremdbestimmung durch Großbritannien und durch Baumwollinteressen lösen, aber dem Land die Selbstbestimmung nicht sichern können, so daß es am Ende seiner Präsidentschaft ähnlich abhängig von der Sowjetunion war wie früher von Großbritannien. Sadat wiederum hatte diese Abhängigkeit lösen können, doch war Ägypten am Ende seiner Präsidentschaft fast so abhängig vom Erdöl wie früher von der Baumwolle und politisch noch abhängiger von den USA als vorher von der Sowjetunion.

1981 stammten fast zwei Drittel der Exporteinnahmen aus dem Export von Erdöl und Erdölprodukten und nur noch knapp 20% aus dem Export von Baumwolle und Textilien. Ägypten war dazu noch auf indirekte Weise vom Erdöl abhängig geworden: Die Gastarbeiterüberweisungen, die 1981 mit 2,7 Mrd. US-$ etwa soviel betrugen wie die Exporteinnahmen von Öl und Baumwolle zusammen, hingen von den Arbeitsmöglichkeiten in den ölreichen Staaten ab und das bedeutete von deren Wohl und Wehe. Das Gleiche galt für die Einnahmen aus dem Tanker- und sonstigen Schiffsverkehr durch den Suezkanal (vgl. dazu auch Kap. 6).

Sadats Öffnungspolitik hatte ihre Ziele nicht erreicht. Doch die Folgerungen aus dem Fehlschlag, die so klar auf der Hand zu liegen schienen, führten Mubarak wirtschafts- und sozialpolitisch, innen- und auch außenpolitisch ins Dilemma.

Vordringlichstes wirtschaftspolitisches Ziel mußte es sein, nach dem Konsumboom der späten 70er Jahre die Investitionen stärker in den produktiven Bereich umzulenken, ohne die Grundprinzipien der wirtschaftlichen Öffnung (*infitah*) zu gefährden. „Vom konsumorientierten *infitah* zum investitionsorientierten *infitah*" wurde ein Schlagwort der neuen Regierung, die mit der Beschränkung von Luxusimporten, aber auch mit Korruptionsprozessen gegen Spekulanten zu zeigen versuchte, daß es ihr mit der Umorientierung ernst sei. Schon schwieriger war es, die Investitionen zu erhöhen, ohne daß sich die Schuldenspirale noch schneller nach oben drehte. Um das zu vermeiden, mußten vor allem das extreme Handelsbilanzdefizit – also die im Vergleich zum Export viel zu hohen Importe – und das damit eng verbundene hohe Haushaltsdefizit reduziert werden. Beides wäre wiederum nur möglich, wenn die staatlichen Subventionen für importierte Nahrungsmittel und andere Güter des Massenbedarfs abgebaut würden. Aber wie konnte Ägypten Subventionen abbauen und damit notwendigerweise die Preise erhöhen, wenn nicht gleichzeitig die Masseneinkommen gesteigert werden? Höhere Einkommen können jedoch erst erzielt werden, wenn in Ägypten mehr produziert wird – also die Investitionen in den produktiven Bereich Früchte tragen (vgl. Kap. 6 und 7).

Vordringlichstes innenpolitisches Ziel mußte es sein, dem Regime in den Augen der Bevölkerung wieder Legitimität zu verschaffen. Dazu mußte Mubarak versuchen, ein entspannteres Verhältnis zur politischen Opposition zu gewinnen und insbesondere die religiös-politischen Spannungen (vgl. dazu Kap. 9) zu reduzieren, die zum Mord an Sadat geführt hatten. Bereits wenige Wochen nach seinem Amtsantritt begann er deswegen, die von Sadat im September 1981 verhafteten Oppositionellen freizulassen. Gespür für symbolische Handlungen bewies Mubarak dabei, als er die prominentesten Inhaftierten – darunter den langjährigen Chefredakteur der halbamtlichen Tageszeitung „*el-Ahram*" und ehemaligen Informationsminister Mohammed Heikal – unmittelbar nach der Haftentlassung im Präsidentenpalast empfing. Damit signalisierte er ihnen und der Öffentlichkeit, daß die versprochene Liberalisierung auch für Nasseristen, Linke und islamische Kräfte gelten solle, solange sie sich an die Spielregeln des Systems hielten (vgl. dazu Kap. 8).

Mit größerer Pressefreiheit, mehr Freiheit für politische Organisationen, einschließlich der einflußreichen Berufsverbände, und insbesondere freieren Wahlen löste Mubarak dies Versprechen ein. Andererseits verfügte er über keine eigene soziale Basis außerhalb des Militärs, aus dem der Luftwaffenoffizier Mubarak von Sadat ins Amt des Vizepräsidenten geholt worden war und zu dem er stets enge Verbindungen aufrechterhielt. Das Militär wurde zu einer tragenden Säule seines Regimes, neben der er aber auch eine zivile Stütze brauchte. Für die Legitimität seiner Politik wäre es in dem Zusammenhang sicher wünschenswert gewesen, wenn er sich von den durch Freundschaften und Verwandschaftsbeziehungen eng miteinander verfilzten Repräsentanten des Sadat-Regimes hätte absetzen können. Bei einigen konnte Mubarak immerhin die Aufstellung als Kandidaten für die Parlamentswahlen 1984 verhindern. Doch letzten Endes mußte er sich mit Sadats Nationaldemokratischer Partei arrangieren, denn wie sollte er sich ernsthaft gerade von jenen trennen können, die inzwischen weite Teile des privaten und selbst des öffentlichen Sektors beherrschten und die die guten Verbindungen zum Ausland hatten, auf dessen Investitionen und Hilfe Ägypten angewiesen war?

Vordringlichstes außenpolitisches Ziel mußte es sein, die allzu enge Bindung an die Vereinigten Staaten zu lockern, um wieder mehr Spielraum für die ägyptische Außenpolitik zu gewinnen, die unter Mubarak genau wie unter Nasser und Sadat die Funktion hatte, die grundlegende Entwicklungsstrategie des Regimes nach außen abzusichern. Hebel dazu waren die Beziehungen zu Israel, dem wichtigsten Schützling der USA in der Region. Den Friedensvertrag mit dem ungeliebten Nachbarn hat Mubarak buchstabengetreu erfüllt. Mit dem unprovozierten Einmarsch in den Libanon im Juni 1982 lieferte ihm Israel jedoch nur sechs Wochen nach dem endgültigen Rückzug aus dem

Sinai einen guten Grund, die Beziehungen einzufrieren. Der seitdem aufrechterhaltene „kalte Friede" führte auch zu einer größeren Distanz zu den USA. Beides wiederum war eine wichtige Voraussetzung für die Wiederannäherung an die große Mehrheit der arabischen Staaten, die nach dem Abschluß des Friedensvertrages mit Israel ihre Beziehungen zu Ägypten abgebrochen hatten. Aber auch in der Außenpolitik war Mubaraks Dilemma zwischen Friedenspolitik und Westbindung einerseits und arabisch-islamischer Solidarität andererseits nicht zu übersehen.

Die schwierigen Ausgangssituationen in der Wirtschafts- und Sozialpolitik, in der Innenpolitik und in der Außenpolitik zwangen Mubarak eine vorsichtige Gangart auf. Umsicht, Stetigkeit und Konsequenz – bzw. wie es einmal ein britischer Journalist formuliert hat: *caution, continuity, and consistency* als die drei großen „C" von Mubaraks Regierungsstil – können aber auch als Zögern und Entscheidungsschwäche ausgelegt werden, die Mubarak letztlich daran gehindert haben, die drängenden Probleme seines Landes besser in den Griff zu bekommen. Wie man es auch interpretiert: Auffallend ist im Rückblick über bald ein Jahrzehnt seiner Präsidentschaft, daß Mubaraks Herrschaft sehr viel weniger spektakulär in ihren Höhepunkten war als die Nassers und Sadats – aber auch viel weniger spektakulär in ihren Niederlagen.

5. Noch immer das Land der Fellachen?

Wie zu Herodots Zeiten gilt auch heute noch, daß Ägypten ein „Geschenk des Nils" ist: Inmitten endloser Wüsten zieht sich an seinen Ufern eine bis zu 25 Kilometer breite Flußoase hin, die sich nördlich von Kairo zum Mündungsdelta weitet. Auf der Basis künstlicher Bewässerung bearbeiteten die Bauern – arabisch: Fellachen – schon vor Jahrtausenden das fruchtbare Schwemmland und schufen die Grundlage der ägyptischen Hochkultur. Beim Anblick der sorgfältig bebauten Parzellen drängt sich dem Reisenden leicht der Eindruck auf, als habe sich seit der Zeit der Pharaonen wenig geändert. Die Ähnlichkeit mit Szenen, wie sie Künstler in den Gräbern des alten Ägypten festgehalten haben, täuscht jedoch: Ägyptens Landwirtschaft heute hat wenig mit der des Altertums gemein.

Mit zunehmender Urbanisierung und Industrialisierung hat die Bedeutung der Landwirtschaft ständig abgenommen. Vor allem seit das Erdöl einen immer höheren Beitrag zum Bruttoinlandsprodukt (BIP) leistet, ist der Anteil der Landwirtschaft am BIP seit den 70er Jahren innerhalb eines Jahrzehnts von knapp 30% auf weniger als 20% gesunken. Trotzdem bleibt sie für die Volkswirtschaft unentbehrlich: Noch immer ist die Landwirtschaft mit einem Drittel aller Beschäftigten der größte Arbeitgeber des Landes; noch immer versorgt sie die wichtigen Agroindustrien – Textilien, Nahrungs- und Genußmittel – mit Rohstoffen und liefert ein Drittel aller Exportgüter.

Andererseits befindet sich der gesamte Agrarbereich in einem tiefgreifenden Umbruch. Bevölkerungsexplosion und rapide Urbanisierung lasten besonders auf dem Agrarsektor, denn er muß immer mehr Menschen mit immer weniger Anbaufläche ernähren. Waren es im Altertum höchstens neun Millionen Menschen, drängen sich heute gut sechsmal so viele Ägypter auf engstem Raum. Die durchaus erfolgreichen Anstrengungen seit dem letzten Jahrhundert, das Bewässerungssystem zu verbessern und die Erntefläche zu vergrößern, haben zwar zu großen Produktionssteigerungen geführt. Die Menge der erzeugten Nahrungsmittel wächst jedoch nur minimal schneller als die Bevölkerung und kann darum seit langem den Bedarf nicht mehr decken, denn auch in einem Entwicklungsland steigt mit wachsendem Einkommen und verbesserten Lebenschancen der Pro-Kopf-Verbrauch.

Das noch in den 70er Jahren häufig verkündete Ziel der Selbstversorgung mit Nahrungsmitteln schien in unerreichbare Ferne zu rücken, als sich gerade in dieser Phase die politischen und wirtschaftlichen Prioritäten von der Landwirtschaft wegverlagerten und die staatlichen Investitionen sanken. Als Folge verschärften sich die Probleme auf dem Land: verschlechterte Anbaubedingungen, unter anderem wegen der in manchen Gegenden dramatisch zunehmenden Versalzung der Böden, weiter wachsende Ungleichverteilung des Bodenbesitzes, soziale Benachteiligung der Landbevölkerung gegenüber den Städtern. Andererseits eröffneten sich für viele Bauernfamilien in den 80er Jahren neue Chancen durch einen massiven Anstieg privater Investitionen in die Landwirtschaft, durch geänderte Anbaubedingungen und verbesserte Marktchancen und nicht zuletzt durch die Arbeitsmigration in die Golfstaaten. Das Potential der ägyptischen Landwirtschaft ist noch längst nicht erschöpft – vorausgesetzt, es gelingt, die gegenwärtigen Strukturprobleme zu überwinden.

Von der Naturkatastrophe zur Dauerbewässerung

Alljährlich Mitte Juli fand im prähistorischen Ägypten eine Naturkatastrophe statt: Ausgelöst durch starke Regenfälle im Hochland von Äthiopien, ergoß sich eine gewaltige Wasserflut ins Niltal und überschwemmte die ufernahen Bereiche. Erst nach ihrem Höhepunkt im August/September sank sie langsam ab, bis der Nil im Frühsommer des Folgejahres erneut seinen Tiefstand erreichte.

In einem bedeutenden kulturgeschichtlichen Schritt begannen die Menschen, diesen für sie unfaßbaren und göttlichem Willen zugeschriebenen Rhythmus des Flusses für sich zu nutzen und in dem regenlosen Land eine blühende Bewässerungswirtschaft zu entwickeln. Dies wurde erleichtert, da der wasserreiche Blaue Nil aus Äthiopien fruchtbaren Schlamm mit sich führte und den überschwemmten Boden anreicherte. Um das knappe Wasser optimal zu nutzen, wurde das Uferland durch Erdwälle in kleine Felder eingeteilt, in die vom Fluß aus oder über Kanäle das Wasser geleitet wurde. In diesen Bassins blieb es etwa 40 Tage stehen, durchfeuchtete gründlich den Boden und lagerte den Schlamm ab. Erst dann wurde in die nasse Erde gesät und ohne weitere Bewässerung im Frühjahr geerntet – viel Getreide und Flachs, aber auch Hülsen- und Ölfrüchte, sowie Obst und Gemüse. Nach dem Rhythmus des Nils unterschied der alte Ägypter drei Jahreszeiten: Überschwemmung, Aussaat und Ernte. Schon früh setzten die Bauern Schöpfwerke ein, die neben modernen Pumpen bis heute in Gebrauch sind: das ziehbrunnenartige Schaduf, die archimedische Schraube, das Wasserrad oder seit ptolemäischer Zeit das von Zugtieren angetriebene Göpelwerk der Sakiya.

Der Nil ist zwar eine ergiebige, aber je nach der Heftigkeit der Regenfälle stark schwankende Wasserquelle. Für die Menschen im Altertum bedeuteten sehr hohe oder sehr niedrige Fluten Überschwemmungs- oder Dürrekatastrophen – in jedem Fall Mißernten und Hungersnöte, wie uns die biblische Geschichte von den sieben mageren Jahren erzählt. Obwohl das klassische System der Bassinbewässerung pro Jahr nur eine Ernte erlaubte, überdauerte es bis ins 19. Jahrhundert – auch wenn es vor allem im Delta durch Schöpfwerke und Kanäle bewässerte Sommerkulturen gab, darunter den bereits erwähnten Weizenanbau für den Export (vgl. Kap. 2).

Mit Mohammed Ali fand ab 1820 ein geradezu revolutionärer Wandel der Kulturlandschaft statt: Er führte in Ägypten die langfaserige Baumwolle ein, eine subtropische Pflanze, die nach anfänglich hohem Wasserbedarf große Trockenheit während des Reifeprozesses benötigt. Auf diese Weise konnten die ab

Frühsommer brach liegenden Felder ideal genutzt und der traditionelle Winteranbau durch Sommeranbau ergänzt werden. Um die Schöpfwerke systematisch einsetzen zu können, mußte allerdings das Niveau des Niedrigwassers gehoben werden. Deshalb ließ Mohammed Ali 1843 an der Trennungsstelle der beiden Hauptarme des Nils ein großes Stauwehr errichten, den „Barrage du Nil". Vor allem nachdem dieser 1863 voll funktionsfähig war, konnte durch zusätzliche Schöpfwerke, Kanäle und Wehre die ganzjährige Bewässerung in immer größeren Gebieten angewandt werden – schwerpunktmäßig im Delta. Die Abhängigkeit von der Höhe der Nilflut blieb jedoch weiterhin bestehen.

Dies änderte sich mit dem von den Engländern initiierten und 1902 fertiggestellten Assuan-Staudamm. Dieser damals größte Damm der Welt staute die schwache Nachflut auf, ließ aber zuvor die wasser- und schlammreiche Hauptwelle passieren. Der größte Teil floß ungenutzt ins Meer. Trotzdem wurde erstmals Wasser gespeichert, mit dem vor allem der Baumwollanbau im Sommer erheblich ausgedehnt werden konnte – ganz im Interesse der englischen Textilindustrie.

Das „weiße Gold" hatte neben der Bewässerung auch die Produktionsstruktur weiter verändert: Neben der Selbstversorgung mit Nahrungsmitteln und der zunächst fortgeführten Exportproduktion von Weizen produzierte die Landwirtschaft in wachsenden Mengen Baumwolle für den Export. Ägypten wurde damit bereits im 19. Jahrhundert voll in den kapitalistischen Weltmarkt integriert. Profitablen Boom-Jahren im Baumwoll-Geschäft stand allerdings eine gefährliche monokulturelle Abhängigkeit gegenüber, wie die Preiseinbrüche nach dem amerikanischen Bürgerkrieg, während der Weltwirtschaftskrise oder nach dem Korea-Krieg bitter lehrten. Auch geriet das Baumwollgeschäft zunehmend in die Hände der ägyptischen Oberschicht und ausländischer Gesellschaften, ein Prozeß, der die sehr ungleiche Landverteilung weiter verstärkte. Diese hatte sich herausgebildet, seit Mohammed Ali begann, Fellachen kleine Felder zur Nutzung zu übertragen und zugleich an Angehörige der Herrscherfamilie, an Würdenträger oder Kaufleute Land zu vergeben. Als Folge wurden die bisher im Agrarsektor üblichen Nutzungsrechte in wachsendem Ausmaß in erbliche Besitzrechte umgewandelt. Die Engländer schlossen diesen Prozeß der Privatisierung von Land nur noch ab. Bis zur Revolution verschärfte sich vor allem durch die islamische Erbteilung der Gegensatz zwischen Groß- und Kleinbesitz drastisch. Immer mehr Bauern gehörten immer kleinere Parzellen, die zum Leben nicht ausreichten und notgedrungen oft an reichere Nachbarn verkauft werden mußten.

Revolutionäre und Bauern

Am Vorabend der Revolution besaßen schließlich 2,2 der insgesamt 2,8 Millionen Grundeigentümer jeweils weniger als zwei Feddan Land (1 Feddan = 0,42 Hektar). Dies bedeutete, daß ihnen zusammen kaum mehr gehörte als den etwa 2000 größten Grundbesitzern, die mit jeweils mehr als 200 Feddan (84 ha) zusammen 20% des Bodens kontrollierten. Durch die Zersplitterung des Kleinbesitzes besaß mehr als die Hälfte aller Grundeigentümer nur noch Parzellen mit einer Durchschnittsgröße von 0,28 Feddan, einem Zehntel jener Fläche, die damals eine Familie zur Wahrung ihres Existenzminimums benötigte. Das Pachtsystem glich zwar insoweit Größenunterschiede aus, als es im allgemeinen ökonomische Betriebseinheiten schuf. Kleinstbesitzer, unausgelastete Pächter und 1,3 Millionen landlose Bauernfamilien bildeten jedoch einen mobilen Arbeitsmarkt, von dem wiederum insbesondere die Großgrundbesitzer profitierten.

Bereits wenige Wochen nach dem Staatsstreich erließ der Revolutionsrat eine Landreform, mit der er ein doppeltes Ziel verfolgte: Einerseits sollte sie das Bodeneigentum soweit begrenzen, daß mit der wirtschaftlichen auch die politische Macht der einflußreichen Großgrundbesitzer gebrochen werden konnte. Zum anderen sollte durch Landverteilung, feste Pachtzinsen und Mindestlöhne die Lage der Landbevölkerung verbessert werden. Mit weiteren Maßnahmen suchte der Revolutionsrat langfristig die Produktivität zu steigern. Da die Militärs am

Prinzip des Privateigentums festhielten, wurde der Großgrundbesitz nicht abgeschafft, sondern zunächst auf maximal 84 Hektar, dann im Jahr 1961 auf 42 Hektar pro Eigentümer und wenig später pro Familie begrenzt. Ab 1969 durfte privater Landbesitz 21 Hektar nicht mehr übersteigen.

Auf diese Weise konnte die Agrarreformbehörde fast eine Million Feddan oder ein Sechstel des Bodens übernehmen. Die Verteilung an etwa 340000 Familien, deren Land um 2–3 Feddan auf ökonomisch sinnvolle Betriebsgrößen aufgestockt wurde, ließ den Anteil an Kleinbesitz stark anwachsen. Der Mehrzahl der Kleinsteigentümer mit weniger als einem Feddan brachte die Reform jedoch keine Verbesserung. Andererseits konnte Gleichverteilung kein sinnvolles Reformziel sein, denn bei gleichmäßiger Verteilung des Landes auf alle Bauern wären die Flächen so klein geworden, daß keine Familie mehr genug zum Leben gehabt hätte. So richtig die verteilungspolitische Entscheidung auch grundsätzlich war, so fragwürdig war letztlich ihr Ergebnis: Die Umverteilung bezog sich auf zu wenig Land, verlief zu langsam und wurde nicht rechtzeitig durch Infrastrukturmaßnahmen abgestützt. Daher stieg die landwirtschaftliche Produktion erst ab 1957 wieder an, dann allerdings rasch.

Große Bedeutung fiel dabei den neu gebildeten Genossenschaften zu, die ihr Gebiet als ökonomische Einheit verwalten sollten: Der Fellache bebaute sein Land zwar in eigener Verantwortung, aber der Zeitpunkt der Bebauung, Fruchtfolge und Wasserverteilung sowie der Einsatz von Maschinen, Dünger und Insektiziden wurden zentral von den Genossenschaften festgelegt. Als diese Anfang der 60er Jahre das Monopol erhielten, Landwirtschaftskredite zu vergeben, Saatgut und Dünger zu verteilen und die Ernte zu vermarkten, stieg ihre Zahl rasch an. 1963 verwalteten sie 87 % des Fruchtlandes. Ungewollt begünstigte das Genossenschaftswesen jedoch die reichen Bauern, die aufgrund ihrer guten politischen Kontakte leichter Kredite erhielten oder Anbauvorschriften umgehen konnten. Auch waren hochprofitable Obstkulturen an die Mindestgröße von fünf Feddan gebunden und von der genossenschaftlichen Bewirtschaftung ausgenommen.

Da die Agrarreform das Grundproblem der Boden- und Wasserknappheit nicht beheben konnte, entschieden sich die „Freien Offiziere“ schon kurz nach der Revolution für den Bau eines zweiten Staudammes bei Assuan, der das bis dahin ungenutzt abfließende Hochflutwasser speichern sollte. Nur so konnten Pläne umgesetzt werden, die darauf abzielten, die landwirtschaftliche Nutzfläche durch einen wasserintensiveren Anbau, durch Mehrfachernten und Neulandgewinnung zu vergrößern. Der Sadd el-Ali, der Hohe Damm, wurde Symbol und Hoffnung des neuen Staates.

Mehr Wasser = mehr Ernte?

1960 begann eines der größten zivilen Bauvorhaben dieses Jahrhunderts. Es besiegelte zugleich den Untergang der nubischen Kultur, da fast 100 000 Nubier aus dem Gebiet des künftigen Stausees umgesiedelt werden mußten. In den folgenden elf Jahren entstand wenige Kilometer südlich des alten Assuan-Dammes ein gigantischer Massestaudamm von 111 m Höhe, 3,5 km Länge und einem Kilometer Breite an der Basis. Die gesamte Flut kann nun gespeichert werden. Über 500 km stromaufwärts, bis in den Sudan hinein, erstreckt sich der nach Nasser benannte See, dessen Fläche zehnmal so groß wie der Bodensee ist. Die 164 Mrd. m^3 Stauinhalt teilen sich auf in 30 Mrd. m^3 Raum vor allem für die künftigen Schlammablagerungen, 90 Mrd. m^3 Speicherraum für die jährliche Nilflut und 44 Mrd. m^3 als Überjahresspeicher.

Technische Großprojekte haben immer erhebliche Folgen für die Umwelt. Der Staudamm belegt dies einmal mehr. In der meist sehr ideologisch geführten Diskussion über seine Auswirkungen wird jedoch gerne vergessen, daß Ägypten zu intensiver Wassernutzung keine Alternative hat. Bereits 1972 bewährte sich der Sadd el-Ali, als die jährliche Überschwemmung ausblieb – eine Hungersnot konnte vermieden werden. Geradezu dramatisch jedoch hat sich die Situation in den 80er Jahren entwickelt: Durch die jahrelange Trockenheit in der Sahelzone und besonders in Äthiopien verliefen sämtliche Nilfluten so schwach, daß der Nasser-See bis 1988 auf das niedrigste Niveau gesunken ist, seit er sein Stauziel erreicht hatte. Nur durch die außergewöhnlich hohe Flut 1988 konnte im allerletzten Moment der Wassernotstand vermieden werden. Die „sieben mageren Jahre" zuvor hätten ohne das Wasserreservoir des Stausees katastrophale Folgen für Ägypten gehabt.

Durch den Damm vergrößerte sich die landwirtschaftliche Nutzfläche bis 1988 um knapp ein Viertel, die Erntefläche sogar um erheblich mehr, da nun in allen Gebieten zwei bis dreimal im Jahr geerntet werden kann. Besonders in Oberägypten wurde die in weiten Teilen noch übliche Bassinbewässerung durch Dauerbewässerung ersetzt. Neben Baumwolle werden jetzt verstärkt weitere Sommerkulturen wie Reis, Mais, Zuckerrohr und Hirse angebaut.

Schwieriger als erwartet entwickelte sich allerdings das ehrgeizige Vorhaben, Neuland in der Wüste zu erschließen, um dadurch Nahrungsquellen und Lebensraum für die explosiv wachsende Bevölkerung zu schaffen. Die weit unterschätzten Investitionskosten und die meist geringe Bodenqualität verwiesen die Planziele immer wieder ins Reich der Illusionen. Trotz der in den 60er Jahren eher entmutigenden Erfahrungen scheint heute die Idee der Wüstenkultivierung wieder hochaktuell: Bis zum Jahr 2000 sollen 1,2 Millionen Hektar Agrarland neu gewonnen oder unfruchtbar gewordene Böden wieder aktiviert werden.

Zwiespältig verläuft auch das *„New Valley Project"* in den Oasen der westlichen Wüste: Durch Erschließung unterirdischer Wasservorkommen sollte ein „Neues Tal" entwickelt und das Niltal dadurch entlastet werden. Tatsächlich wurde zusätzliches Agrarland gewonnen; aber die hohen Kosten der Tiefbohrungen und Probleme der Be- und Entwässerung machten viele Erwartungen zunichte. Als eines der spektakulärsten Projekte der Neulandgewinnung wird es jedoch fortgesetzt und symbolisiert bis heute den Traum von der grünenden Wüste.

Neben der Agrarreform, dem Bau des Assuan-Staudammes und der hohen Priorität für Neulandgewinnung ist die Agrarpolitik seit der Revolution noch durch einen weiteren Punkt gekennzeichnet gewesen: durch die gefährliche Vernachlässigung des Drainagesystems. Die aus finanziellen Gründen zunächst nur aufgeschobenen, in den 70er Jahren unter Sadat jedoch weitgehend unterbliebenen Investitionen in die Entwässerung werden gegenwärtig verstärkt nachgeholt, da die ägyptische Landwirtschaft durch Versalzung ernsthaft bedroht war. Die Versalzung dem Staudamm anzulasten, wäre falsch. Jede künstliche Bewässerung macht wegen des gestiegenen Grundwasserspiegels ein effizientes Drainagesystem erforderlich. Dieses Problem besteht für weite Teile Ägyptens, seit Mohammed Ali die Delta-Barrage errichtete – nun besteht es landesweit. Das zu geringe Drainagegefälle zwischen Bodenoberfläche und Grundwasser führt zu Versalzung und Alkalisierung des Landes. Auch der fruchtbarste Boden wird so in Kürze ruiniert. Zusätzlich werden die Felder von den Fellachen häufig überwässert, denn Wasser gibt es zum Nulltarif, und früher bedeutete „mehr Wasser" immer auch „mehr Ernte". Bis Mitte der 90er Jahre soll das Problem der Versalzung und Vernässung gelöst sein: durch bessere Aufklärung der Bauern und durch weiteren zügigen Ausbau des Entwässerungssystems, mit dem bereits jetzt 60% der Felder versorgt sind.

Klimatische Veränderungen in Oberägypten, Erosion der Flußufer, die Unterspülung von Brücken und Stauwehren sowie der Rückgang des Fischreichtums vor der Küste des Nildeltas sind bewußt in Kauf genommene Konsequenzen des Dammbaus. Sie müssen gegen gewonnene Wasser-, Energie- und Verkehrskapazitäten aufgewogen werden. Bewußt war auch der Verzicht auf den fruchtbaren Nilschlamm. Ägyptens Landwirtschaft war bereits seit langem auf Mineraldünger angewiesen, denn nur die kaum mehr angewandte Bassinbewässerung hatte den Schlamm noch auf die Felder gebracht. Schon vor dem Dammbau lagerten sich 80% der jährlichen Schlammenge in den Bewässerungskanälen ab oder wurden ins Meer geschwemmt. Im allgemeinen wird der Wert des Nilschlamms als Nährstofflieferant stark überschätzt. Seine Düngekraft war ausreichend für eine Ernte pro Jahr unter den Bedingungen der traditionellen Bewässerung. Durch die gegenwärtige intensive Be-

Abb.7: Ein weitverzweigtes Kanalsystem durchzieht Ägypten. Jedes Fleckchen des knappen Fruchtlandes wird bewässert und mit Nutzpflanzen bebaut.

wirtschaftung werden dem Boden jedoch sehr viel mehr Nährstoffe entzogen, die nur künstlich durch organische und mineralische Düngung ersetzt werden können. Der Bedarf an Düngemitteln oder die Qualität der Erde würden sich deshalb nur unerheblich ändern, wenn der Schlamm noch – oder durch eine künstliche Umleitung wieder – verfügbar wäre. Die Fehlentwicklungen in der ägyptischen Landwirtschaft spiegeln daher sehr viel häufiger die Wirkungen ungünstiger politischer und ökonomischer Rahmenbedingungen wider als die konkreten Folgen von „Nassers Pyramide", dem Assuan-Hochdamm.

Agrarsektor in der Krise

Zwanzig Jahre nach der ersten Agrarreform zeichneten sich schwerwiegende Strukturprobleme ab, die sich mittlerweile noch verschärft haben: Eine neue sehr ungleiche Bodenverteilung hat dazu geführt, daß 95% aller Grundbesitzer weniger als zwei Hektar besitzen und damit zusammen über nur 50% der Kulturfläche verfügen. Ein kleiner Prozentsatz wohlhabender Bauern teilt sich die andere Hälfte des Landes. Wenn auch weniger einflußreich als die Großgrundbesitzer in der Zeit vor der Revolution sind sie bis heute auf lokaler Ebene tonangebend. Sie haben die guten Kontakte zu Politik und Verwaltung und beherrschen die Kooperativen. Sie waren auch diejenigen, die bis zur Liberalisierung des Agrarsektors 1987 die besten Möglichkeiten hatten, den staatlich festgelegten Anbau unprofitabler Produkte wie Baumwolle, Weizen oder Reis zu umgehen. Kleinbauern oder Pächter, die sich diesen Vorschriften nicht entziehen konnten, bezahlten letztlich die Rechnung für die Subventionierung der Industrie und der städtischen Bevölkerung, denen die vom Staat verordneten Niedrigpreise für bestimmte Agrargüter zugutekamen.

Trotz oder gerade wegen der Anbauvorschriften bildete sich im Laufe der Jahre ein scharfer Gegensatz heraus zwischen einem staatlich gelenkten unprofitablen Agrarbereich und einem boomenden marktwirtschaftlich orientierten. Dementsprechend wandelte sich die Produktpalette: Flächenmäßig dominieren zwar noch immer Getreide und Baumwolle, doch dehnt sich der Anbau von Obst und Gemüse von Jahr zu Jahr aus – seit kurzem auch in modernen Gewächshäusern, die den Ertrag um ein Vielfaches steigern. Obst und Gemüse waren nie preiskontrolliert und konnten von den Produzenten selbst vermarktet werden. Bevorzugte *„cash crops“* sind Zitrusfrüchte und Tomaten, aber auch Datteln, Weintrauben und Bananen sowie Melonen, Kohl, Zwiebeln, Gurken und Auberginen. Aus denselben Gründen wurde auch der Anbau von Futterklee stark ausgeweitet, um in einem Land ohne natürliche Weide intensive Tierhaltung betreiben und mit Milch- und Fleischprodukten handeln zu können. Dies gilt für Kleinbauern ebenso wie für die großen Güter in den Neulandgebieten am Rande des Deltas. Abnehmer dieser profitablen Erzeugnisse sind die rasch wachsende städtische Bevölkerung und die arabischen Nachbarländer. Der Staat reagierte auf diese Entwicklung, indem er seit 1987 das strenge Steuerungssystem etwas lockerte und mehrmals die staatlichen Ankaufspreise für Getreide und Baumwolle anhob.

Anfang der 70er Jahre wurde Ägypten zum Nettoimporteur von Nahrungsmitteln. Dies bedeutet, daß mehr landwirtschaftliche Produkte ein- als ausgeführt werden. Obwohl die landwirtschaftliche Produktion in den 60er und 70er Jahren insgesamt schneller wuchs als die Bevölkerung, hatte die Landwirtschaft wegen des steigenden Konsums letztlich den Wettlauf mit dem Bevölkerungswachstum verloren. Die gewaltige Lücke zwischen Angebot und Nachfrage muß vor allem durch Getreideimporte aus den USA, Australien und der EG geschlossen werden. Gleichzeitig schrumpfte im Inland die Anbaufläche von Getreide – was ertragreichere Sorten und intensivere Bewirtschaftung nur zum Teil ausgleichen konnten. Die gegenwärtige Selbstversorgung bei Weizen hat ihren tiefsten Stand zwar überwunden, beträgt aber dennoch nur 30%. Die dadurch erforderlichen Ausgaben für Nahrungsmittelimporte verschlangen in den 80er Jahren mehr als dreimal so viel, wie die Deviseneinnahmen aus dem Export von Baumwolle und Nahrungsmitteln einbrachten.

Andererseits war es ökonomisch durchaus sinnvoll, die Anbauflächen für Getreide zu reduzieren, solange Weizen auf dem Weltmarkt zu Billigpreisen angeboten wurde und auf den dadurch frei gewordenen Flächen hochprofitable „*cash crops*“ angebaut werden konnten. Das galt in den 60er und 70er Jahren vor allem für Baumwolle, für die auf dem Weltmarkt viermal so viel erzielt werden konnte wie für Weizen von einem gleich großen Feld. Wie früher die Baumwolle kann heute die Exportproduktion von Frühgemüsen, Früchten oder Blumen gewinnbringender sein. Von solch rein ökonomischen Zielsetzungen unabhängig ist allerdings die Frage, ob für Ägypten nicht ein höherer Grad an Nahrungsmittelselbstversorgung – und damit mehr Getreideanbau – sinnvoll wäre.

Gerade am Beispiel des Weizens zeigt sich allerdings auch die ganze Widersprüchlichkeit einer Agrarpolitik, die nicht klar zwischen ökonomischen und politischen Zielen trennt: Jahrelang hatte Ägypten von den Weizenüberschüssen westlicher Länder profitiert. Aufgrund der günstigen Weltmarktpreise kaufte der Staat den eigenen Bauern Weizen zu Preisen ab, die den Anbau unrentabel machten, weswegen die Anbaufläche sank. Als dann die Weltmarktpreise stark stiegen, wurden die niedrigen staatlichen Ankaufpreise beibehalten. Kein Wunder, daß die heimische Produktion nicht wieder stieg. Die Regierung mußte daher wachsende Mengen von Weizen zu steigenden Preisen importieren – und dann durch immense Subventionen für die ägyptischen Konsumenten verbilligen. Erst 1989 gab die Regierung schließlich die Weizenpreise frei – löste damit allerdings nicht gleichzeitig das Subventionsproblem:

Zwar wurde auch der Brotpreis in den letzten Jahren mehrfach angehoben. Er liegt aber immer noch erheblich unter den Weltmarktpreisen für das Brotgetreide. Die Politiker wissen, daß sich am Brotpreis die Stimmung des Volkes mißt – zu Recht, denn viele kinderreiche Familien sind auf das subventionierte Fladenbrot angewiesen. Kehrseite des Billigangebotes ist, daß Brot oft verschwendet wird – etwa als Viehfutter, weil Brot aus subventioniertem Weizen billiger ist als nicht subventioniertes Futtergetreide. In keinem Land der Erde wird daher pro Kopf mehr Weizen verbraucht als in Ägypten!

Warnende Stimmen weisen nicht nur auf die sinkende Anbaufläche für ernährungssichernde Getreideprodukte hin, sondern auch auf die Abnahme der landwirtschaftlichen Fläche insgesamt. Aufwendigen Projekten der Neulandgewinnung stehen jährliche Verluste an Kulturland von mehreren tausend Hektar durch völlig ungeordnete Raumplanung gegenüber: Felder werden in Bauland umgewandelt oder illegal bebaut, denn die Sanktionen sind gering, und trotz Verbot werden aus der fruchtbaren Erde noch immer Schlammziegel fabriziert. Aber auch Versalzung führt vorerst weiterhin zu Flächen- und Ertragsverlusten.

Die internationale Agrarforschung weist seit langem darauf hin, daß Entwicklung der Landwirtschaft immer nur Entwicklung des ländlichen Raumes insgesamt heißen kann. Land- und Agrarreform, Ausbau von Bewässerung und Infrastruktur, Ansiedlung gewerblicher Wirtschaft und Aufbau von Sozialeinrichtungen sollen das Leben in ländlichen Regionen attraktiver machen und den Drang in städtische Ballungszentren bremsen. Wenig davon wurde in Ägypten verwirklicht, und in der gegenwärtigen Krise treffen verfehlte Agrarpolitik und kritische gesamtgesellschaftliche Entwicklung unheilvoll aufeinander.

Seit Mitte der 70er Jahre hat sich die bisher durch Unterbeschäftigung charakterisierte Arbeitsmarktsituation geradezu ins Gegenteil verkehrt. Hauptursache ist die Arbeitsmigration in die reichen Golfstaaten und während des irakisch-iranischen Krieges 1980–1988 auch in den Irak. Zunächst nur eine Chance für beruflich Qualifizierte, eröffneten sich Ende der 70er Jahre bald schon Möglichkeiten für Ungelernte. Hoffnungsvoll begannen Kleinstbauern und Landarbeiter ihren Exodus aus Ägyptens Dörfern – nach und nach mehrere Millionen. Eine Tätigkeit am Golf galt als das große Los. Wer den Sprung ins Ausland nicht schaffte, ging wenigstens in die Stadt, um dort die aus dem Baugewerbe Abgewanderten zu ersetzen. Als Folge fehlte plötzlich landwirtschaftliche Arbeitskraft, die nur ungenügend durch Familienmitglieder wettgemacht werden konnte und zu geringeren Erträgen führte.

Der Agrarsektor reagierte auf die neue Arbeitsmarktsituation in zweifacher Weise: Zum einen wurden Landarbeitern plötzlich mehrfach höhere Löhne und sehr viel bessere Arbeitsbedingungen geboten, zum anderen beschleunigte dies die Mechanisierung. Letztere hatte der Staat zwar schon lange gefördert, doch erst der Arbeitskräftemangel und nicht zuletzt die Mehrkosten für Landarbeiter bewirkten den Sinneswandel bei den Bauern. Manche Delta-Provinzen sind inzwischen bereits voll mechanisiert.

Während Landarbeiter, bisher am untersten Ende der Einkommensskala, von der jüngsten Entwicklung profitieren, befinden sich viele Kleinbauern in einer zwiespältigen Situation: Phasenweise zwar unterbeschäftigt, sind sie dennoch ganzjährig an ihr Stück Land gebunden. Ihr Einkommen hängt entscheidend davon ab, ob sie an technologischen Neuerungen teilhaben und auf nichtpreisgebundene pflanzliche oder tierische Produkte umstellen können. Wo dies gelingt, gehen mancherorts sinkende Feldgrößen mit steigendem Lebensstandard einher. Immer mehr dagegen verarmen Pächter von Staatsland, die Baumwolle oder Reis immer noch weit unter Weltmarktpreisen an den Staat verkaufen müssen.

Gänzlich aus den Fugen gerät die traditionelle soziale Hierarchie auf dem Land durch die Gastarbeiterüberweisungen. Diese fließen zwar kaum in die Landwirtschaft, sondern überwiegend in Konsumgüter und den Hausbau. Trotzdem tragen sie zur Entwicklung des ländlichen Raumes bei: Wenn die Lehmhütte durch ein Haus aus gebrannten Ziegeln ersetzt oder der lang ersehnte Kühlschrank gekauft wird, steigert dies nicht nur das Ansehen der Familie, sondern schafft auf lokaler Ebene neue nichtlandwirtschaftliche Arbeitsplätze im Handwerk, Handel und Dienstleistungsbereich. Auf diese Weise verlagern sich Funktionen der Städte zunehmend aufs Land.

Ägyptens Politiker können den Grundkonflikt zwischen Einwohnerzahl und verfügbarem Boden nicht auflösen. Sie verschärfen ihn jedoch zusätzlich durch die Vernachlässigung der Landwirtschaft und eine halbherzige Politik zwischen Gängelung und Liberalisierung. Der gegenwärtige Strukturwandel im Agrarsektor ist letztlich eine unbeabsichtigte Folge davon. Während reiche Bauern zu allen Zeiten Wege fanden, ihren Wohlstand zu erhalten und zu mehren, profitiert von der jüngsten Entwicklung auch ein großer Teil der ärmeren Landbevölkerung. Dauer und gesamtwirtschaftliche Folgen sind jedoch zweifelhaft: Wie sinnvoll ist unter Ägyptens spezifischen Bedingungen Fleisch- statt Getreideproduktion? Wie wird sich die Rückkehr von Tausenden von Gastarbeitern auf den ägyptischen Arbeitsmarkt auswirken? Beschleunigt die Mechanisierung die Tendenz zu größeren Betriebseinheiten und damit zu noch mehr Ungleichheit in der bäuerlichen Gesellschaft? ...

Nur durch grundlegende strukturelle Veränderungen können die Quoten für Selbstversorgung *und* Exportproduktion gesteigert werden. Über das Wie streiten sich allerdings die Experten und Interessengruppen – auf nationaler und internationaler Ebene: Mehr Marktwirtschaft oder staatliche Lenkung, mehr ernährungssichernder Getreideanbau oder mehr hochprofitable „cash crops", eher horizontale Expansion durch Neulanderschließung oder stärker vertikale Expansion durch bessere Anbaumethoden? Wie seit Urzeiten ist die Produktivität der ägyptischen Landwirtschaft vor allem eine Frage der Organisation durch das politische System.

6. Wirtschaftspolitik: Strukturanpassung versus sozialer Friede?

„Das Problem mit all diesen Zentralverwaltungswirtschaften ist, daß sie Kartenhäusern gleichen, bei denen man nie weiß, welche Karte man herausziehen kann, ohne das ganze Ding über Nacht zum Einsturz zu bringen." Der westliche Wirtschaftsexperte, dessen Sorgen die *Financial Times* im Herbst 1989 so zitierte, sprach vom Reformprogramm des Internationalen Währungsfonds (IWF) für Ägypten, unterstrich dabei aber zugleich die Bedeutung solcher Programme für Osteuropa. Das war noch vor der Öffnung der Berliner Mauer. Doch schon damals galten die Bemühungen, in Ländern wie Ägypten tiefgreifende Wirtschaftsreformen zu bewirken, als Testfall für künftige Aufgaben in Osteuropa.

Ägypten steckte tief in einer Wirtschaftskrise und konnte seine Schulden nicht mehr termingerecht bezahlen. Seit Monaten verhandelte die Regierung mit dem IWF über einen Beistandskredit. Erst wenn es diesen erhielt, würden auch die im „Pariser Club" zusammengeschlossenen Gläubiger Ägyptens bereit sein, die überfälligen Zins- und Tilgungszahlungen zu stunden. Der IWF zögerte jedoch, weil ihm die Maßnahmen der ägyptischen Regierung zur Anpassung an marktwirtschaftliche Strukturen nicht ausreichend schienen. Was der IWF von Ägypten forderte, war allerdings auch nicht wenig: Die Regierung sollte das Ägyptische Pfund abwerten und dadurch die Importe verteuern, sollte die Staatsausgaben drastisch reduzieren, die Zinsen erhöhen und den schwerfälligen öffentlichen Sektor weiter liberalisieren. Noch zwei Jahrzehnte nach den Anfängen der Liberalisierungspolitik schienen dem IWF wesentliche Elemente der nasseristischen Wirtschaftsstruktur den Weg zu einer stabilen Wirtschaftsordnung zu behindern, mit der Ägypten ein selbsttragendes Wachstum erreichen könnte –

oder doch zumindest in die Lage versetzt würde, seine Schulden zurückzuzahlen.

Das weiße und das schwarze Gold

Die Voraussetzungen für eine industrielle Entwicklung sind in Ägypten durchaus günstig. Mit seinem „weißen" und seinem „schwarzen Gold" – der Baumwolle und dem Erdöl – verfügt Ägypten über Rohstoffe, die sich hervorragend für die industrielle Weiterverabeitung zu hochwertigen Produkten eignen. Seit der Nasser-Zeit besteht in Ägypten eine diversifizierte industrielle Basis vor allem in den Grundstoffindustrien, der Konsumgüterproduktion und im Maschinenbau, wenn auch weniger im wichtigen Bereich der Investitionsgüter. Qualifizierte Arbeitskräfte sind in einem für ein Entwicklungsland ungewöhnlichen Umfang vorhanden. Und schließlich hat Ägypten einen großen Binnenmarkt mit 56 Mio. Menschen – ganz abgesehen von Exportchancen in arabische und afrikanische Märkte.

Großbritannien hatte Ägyptens Wirtschaft bis Anfang des Jahrhunderts auf den Anbau und Export von Rohbaumwolle ausgerichtet. Nur wenige kleine Fabriken, deren Kapital sich fast ganz in ausländischer Hand befand, produzierten einfache Güter wie Zucker, Zigaretten, Seife und Baustoffe. In gewissem Umfang wurde auch für den Export produziert, z. B. Luxuszigarren. Der Aufbau einer leistungsfähigen Textilindustrie dagegen wurde mit fiskalischen Maßnahmen verhindert. Erst in den 30er Jahren begünstigten neue Faktoren ägyptische Industrialisierungsbemühungen: Da beim Baumwollanbau die Profite zurückgingen, wurden andere Kapitalanlagen interessant. Noch dazu gab es wegen des beschleunigten Bevölkerungswachstums ein großes Angebot an billigen Arbeitskräften. Zudem gewann die ägyptische Regierung gegenüber England mehr Handlungsspielraum und konnte erstmals mit Schutzzöllen ausländische Konkurrenz beschränken.

Die dadurch begünstigte Industrialisierung wurde weitgehend von national gesinnten ägyptischen Unternehmern getragen, die im industriellen Aufbau eine wichtige Voraussetzung für die Unabhängigkeit sahen. Bereits 1920 hatte Talaat Harb die Misr (Ägypten-)Bank als eine ägyptische Nationalbank gegründet, die in den nächsten 20 Jahren mit einer Vielzahl von Unternehmensgründungen zum wichtigsten Träger der Industrialisierung wurde. Als größter ägyptischer Konzern investierte die Misr Bank-Gruppe darüber hinaus aber auch in vielen anderen Bereichen, etwa ins Verkehrswesen (Misr Airwork, die heutige Egypt Air), den Tourismus (Misr Travel) und die Filmwirtschaft (Misr Studios). Die neuen Industrien, die neben Baustoffen vor allem technologisch einfache Güter des Massenkonsums wie Haushaltswaren, Textilien, Schuhe und Pharmazeutika produzierten und damit deren Import ersetzten, konnten sich während des Zweiten Weltkriegs besonders gut weiter entfalten, weil die britischen Truppen viele Waren des alltäglichen Bedarfs nur bedingt aus der Heimat beziehen konnten.

Die erste Phase importsubstituierender Industrialisierung war nach dem Zweiten Weltkrieg abgeschlossen. Ansätze zu einer exportorientierten Industrialisierung auf der Basis der Baumwolle hatte es daneben auch gegeben – die Textilfabriken von Kafr el-Dawar und Mahalla el-Kubra gehörten sogar zu den größten der Welt. Insgesamt reichten die Investitionen in die Industrie jedoch bei weitem nicht aus, jene große Zahl von produktiven Arbeitsplätzen zu schaffen, die angesichts der immer schneller wachsenden Bevölkerung benötigt wurden. Ein zentrales Anliegen der „Freien Offiziere" war es darum nach 1952, einen breiten Industriesektor mit einer entsprechenden, vom Staat zu schaffenden Infrastruktur aufzubauen. Die Bemühungen, in- und auch ausländisches Kapital dazu zu bewegen, in die verarbeitende Industrie zu investieren, blieben jedoch ziemlich erfolglos. Potentielle Anleger mißtrauten dem neuen Regime, und die enteigneten Großgrundbesitzer legten ihre Entschädigungszahlungen bevorzugt im kurzfristig profitablen städtischen Wohnungsbau an.

Mit dem Aufbau des Eisen- und Stahlwerks von Heluan im Süden Kairos, aus dem inzwischen der größte Eisen- und Stahlkomplex auf dem afrikanischen Kontinent geworden ist, entstand ein eigener staatlicher Industriesektor. Dieser schwoll durch die Nationalisierung ausländischer Unternehmen und besonders 1960–64 durch die Verstaatlichung fast des gesamten modernen Sektors der ägyptischen Privatindustrie stark an. Erheblich erweitert wurde er durch umfangreiche staatliche Investitionen, durch die auch neue Schwerpunkte etwa in der Energieerzeugung und in der verarbeitenden Industrie bei Zwischenprodukten, Maschinen und langlebigen Konsumgütern entstanden. Da nur Kleinbetriebe der Leichtindustrie und der Bauwirtschaft sowie Handwerksbetriebe in Privateigentum verblieben, stammten am Ende der Nasser-Zeit über 90% der Produktion der verarbeitenden Industrie aus dem öffentlichen Sektor. Der Anteil, den die Industrie insgesamt, einschließlich Bergbau, Energie- und Bauwirtschaft, zum Bruttoinlandsprodukt (BIP) beitrug, hat sich von 1952 bis 1970 von 16% auf 28% erhöht. Damit gehörte Ägypten bereits in den 60er Jahren zu den halb-industrialisierten Entwicklungsländern – auch wenn der Anteil des Agrarsektors am BIP mit 30% unverändert hoch war.

Durch die Öffnungspolitik Sadats und Mubaraks hat sich wenig an der Grundstruktur der Industrie geändert, die nach wie vor von den knapp 400 Großbetrieben des öffentlichen Sektors dominiert wird. Andererseits sind zahlreiche mittelgroße und kleinere Privatbetriebe gegründet worden, von denen sich viele in den neuen Städten in der Wüste um Kairo angesiedelt haben, wo sie von besonders günstigen Niederlassungsbedingungen, wie einer Steuer- und Zollfreiheit für zehn Jahre, profitieren. Aber auch an den traditionellen Industriestandorten und in den Stadtzentren sind Hunderte von neuen Betrieben der Leichtindustrie und des Handwerks entstanden – häufig Gründungen von Ägyptern, die Vermögen und Know-how investierten, die sie als Gastarbeiter im Ausland erworben haben. Dennoch ist der Anteil des privaten Sektors am Produktionswert der Industrie bis Ende der 80er Jahre erst auf 30% angewachsen.

Die wichtigste Veränderung der letzten 20 Jahre im Industriebereich war der Aufstieg des Ölsektors. Obwohl in Ägypten seit Jahrzehnten Öl gefördert wird, deckte die Produktion bis in die

60er Jahre mit weniger als 5 Mio.t pro Jahr nicht einmal den Eigenbedarf. Trotz des Verlustes der Sinai-Ölfelder an Israel im Juni-Krieg 1967 begann dann Ende der 60er Jahre mit neu entdeckten Feldern im Golf von Suez und an der Küste des Roten Meeres die Produktion schnell auf 16 Mio.t im Jahr 1971 zu steigen. Nach Rückschlägen und der Schließung einiger Ölfelder wegen des Oktoberkrieges sank die Produktion um 1973 noch einmal stark ab, überschritt aber schon 1976 den alten Höchstwert und stieg danach kontinuierlich bis auf einen neuen Höchststand von 47 Mio.t im Jahr 1985.

Bereits 1976 wurde Ägypten Nettoexporteur von Rohöl und Ölprodukten, d. h. es führte mehr Erdöl und Raffinerieprodukte aus, als es gleichzeitig an anderen Erdölprodukten einführen mußte. Da die Ölpreise in zwei Schüben 1973–74 und 1979–81 von US-$ 2,80 pro Faß (= 159 Liter) auf über US-$ 40, also fast das Fünfzehnfache, stiegen, wuchsen Ägyptens Einnahmen aus dem Erdöl noch dramatischer an als die Produktion. Schon im dritten Jahr als Nettoexporteur übertraf der Wert der Erdölexporte den von Baumwolle und Textilien. Ab 1980 erbrachten dann Rohöl und Erdölprodukte jahrelang etwa zwei Drittel aller ägyptischen Exporteinnahmen. Zusammen mit Ländern wie Algerien und Ecuador gehörte Ägypten nun zum Kreis der mittleren Erdölproduzenten.

Mit dem Ölboom ist die Petrochemie zur wichtigsten Wachstumsindustrie geworden, die Erdöl zu Benzin, Diesel- und Heizölen, Butangas und Asphalt raffiniert und zunehmend auch als Rohstoff für die Herstellung von Düngemitteln, Pharmazeutika, Plastik und anderen Produkten verwendet. Das seit Ende der 70er Jahre als Nebenprodukt des Erdöls in größeren Mengen geförderte Erdgas (1989 ca. 6 Mio.t) wird ganz im Inland verbraucht, hauptsächlich in Kraftwerken, die Kairo und Unterägypten mit Strom versorgen, aber auch in energieintensiven Industrien.

Neben dem „schwarzen" ist das „weiße Gold" Baumwolle nach wie vor der wichtigste Rohstoff für Ägyptens Industrien. Die Bedeutung der Agro-Industrien ist zwar insgesamt gesunken, aber die Textil- und die Nahrungsmittelindustrien erwirtschaften immer noch jeweils etwa 30% des Produktionswertes der verarbeitenden Industrie (ohne Erdölsektor). Die übrigen 40% verteilen sich auf Schwerindustrie, Maschinenbau, Elektroindustrie u.a.m. Den heimischen Bedarf an langlebigen Konsumgütern wie Kühlschränken, Fernsehgeräten oder Waschmaschinen kann die ägyptische Industrie mit Stückzahlen von jeweils mehreren hunderttausend in erheblichem Umfang decken. Das gilt allerdings weniger für höherwertige Konsumgüter wie Autos, von denen aber immerhin auch etwa 25 000 pro Jahr produziert werden.

Devisenbringer als Krisenbringer

Seit den Schwierigkeiten Mitte der 60er Jahre verging kaum ein Jahr, in dem nicht die Krise der ägyptischen Wirtschaft beschworen worden wäre: Oft genug drohte sie zusammenzubrechen, mehrfach schien Ägypten vor der Zahlungsunfähigkeit zu stehen. Lang ist auch die Liste der Reformvorschläge und der von der Regierung angekündigten Reformmaßnahmen. Ägypten ist nicht zusammengebrochen, und was noch erstaunlicher sein mag: Auch die meisten Krisensymptome und Reformvorschläge haben die 25 Jahre kaum verändert überstanden. Es sind vor allem die neuen Wachstumsfaktoren Erdölexport, Gastarbeiterüberweisungen, Suezkanal-Gebühren und Tourismuseinnahmen, die es Ägypten seit Mitte der 70er Jahre ermöglicht haben, ganz gut mit der ungelösten Strukturkrise zu leben. Allerdings bergen auch diese vier Faktoren Gefahren, die Ägyptens gesamtwirtschaftliche Situation heute als gefährdeter erscheinen lassen denn je. Womit wir wieder am Anfang dieses Gedankenganges wären...

Der öffentliche Sektor und die wirtschaftlichen Rahmenbedingungen, unter denen er operiert, bleiben das Hauptproblem. Die staatlichen Industriebetriebe geben zwar mehreren hunderttausend Menschen Arbeit und tragen gewichtig zum Sozialprodukt bei. Aber sie sind nach wie vor in ein Korsett von bürokratischen Vorschriften eingeschnürt, ihre Produktion ist zu wenig am Markt orientiert, und sie produzieren viel zu teuer. Das liegt zum Teil daran, daß sie immer noch aufgrund der Nasserschen Sozialgesetzgebung mehr Arbeitskräfte beschäftigen müssen, als sie brauchen, und daß die Arbeitsdisziplin miserabel ist, nicht zuletzt, weil Arbeiter und Angestellte praktisch unkündbar sind. Es liegt aber auch daran, daß die Betriebe Energie und wertvolle Rohstoffe wie die Baumwolle noch bis Ende der 80er Jahre zu staatlich subventionierten Preisen konkurrenzlos billig bezogen und durch diese staatlichen Zuschüsse vor dem Zwang bewahrt waren, zu modernisieren, zu rationalisieren oder zumindest sparsam zu kalkulieren. Nach einer Weltbankstudie arbeiteten Mitte der 80er Jahre mit Ausnahme der Erdölunternehmen so gut wie alle staatlichen Industriebetriebe mit Verlust. Bessere Preispolitik und Privatisierungen sind darum erklärte Ziele der Regierung für die 90er Jahre. Nur besonders wichtige Zweige wie die Schwerindustrie und die Textilindustrie sollen in staatlicher Hand bleiben.

Bürokraten und Managern des öffentlichen Sektors wird häufig vorgeworfen, die Liberalisierung und (Re-)Privatisierung des öffentlichen Sektors hintertrieben zu haben, um ihre eigenen Machtpositionen zu erhalten. Das mag wohl stimmen. Andererseits hat die ägyptische Bourgeoisie weder vor 1952 noch seit der Öffnungspolitik große Neigung gezeigt, in volkswirtschaftlich notwendige, aber risikoreiche Großprojekte etwa der Investitionsgüterindustrie zu investieren. Anhänger eines starken öffentlichen Sektors weisen hierauf zu Recht hin. Muß Ägyptens öffentlicher Sektor aber deshalb Kekse und Kaugummi produzieren? Was wann wie entstaatlicht werden soll, steht 1990 noch nicht genau fest. Auf jeden Fall soll sich bis zum Jahr 2000 das heutige Verhältnis zwischen den Sektoren umkehren und der Privatsektor dann 70% des Produktionswerts der verarbeitenden Industrien erwirtschaften – ein in weniger als zehn Jahren aber wohl kaum zu realisierendes Vorhaben.

Bis dahin muß auch die Exportorientierung der Industrie noch erheblich zunehmen, damit sie einen größeren Anteil ihres hohen Importbedarfs an Rohstoffen, Vorprodukten und Maschinen selbst finanzieren kann. Der Export von Halbfertig- und

Fertigwaren (v.a. Baumwollgarnen, Aluminium, chemischen Erzeugnissen, Bekleidung und Schuhen) ist zwar seit Anfang der 80er Jahre kontinuierlich gestiegen, der Export von Rohstoffen (v.a. Baumwolle) und Nahrungsmitteln aber gleichzeitig gesunken. Die Summe der Exporteinnahmen aus den traditionellen Warenexporten außerhalb des Ölsektors stagnierte deswegen von 1980 bis 1985 zwischen jährlich 1,1 und 1,2 Mrd.US-$ – jeweils etwa halb so viel wie die Öleinnahmen. Danach nahmen sie leicht auf 1,5 Mrd.$ im Jahr 1988 zu, während die Öleinnahmen stark schwankten.

Diese Schwankungen mußten Ägypten warnen, sich zu sehr auf das Öl zu verlassen: Bereits seit 1981 waren die Weltmarktpreise gefallen; als sie dann in der zweiten Hälfte der 80er Jahre noch einmal bis auf 14 $ pro Faß halbiert wurden und die Einnahmen entsprechend zurückgingen, drosselte Ägypten die Förderung, um den wertvollen Rohstoff zu schonen. Ganz abgesehen von möglichen Preiskrisen, wird schon heute mehr als die Hälfte der Fördermenge im Land verbraucht, und der Eigenbedarf steigt immer weiter, so daß der Zeitpunkt abzusehen ist, an dem Ägypten kein Öl für den Export übrig bleiben wird.

Nicht minder risikoreich für Ägypten ist es, sich auf ständig wachsende Deviseneinnahmen aus dem Suezkanal, dem Tourismus und vor allem auf die Gastarbeiterüberweisungen zu verlassen. Denn auch hier kann Ägypten den Fluß seiner Einnahmen kaum selbst kontrollieren. Am verläßlichsten flossen noch die Gebühren aus dem Suezkanal, die sich seit der Wiedereröffnung auf über 1,3 Mrd.$ pro Jahr fast vervierfacht haben. Hier hat sich die Sorge nicht bestätigt, daß der Umfang des internationalen Schiffsverkehrs durch den Suezkanal mit dem Erdölexport und vor allem den Erdöleinnahmen der Golfstaaten schwanken würde.

Äußerst krisenanfällig ist dagegen der Tourismus (vgl. Kap. 12), der jedesmal einen Rückschlag erlebte, wenn Ägypten in einen Krieg verwickelt war, wenn sonstwo in der Region ein größerer Krieg drohte oder wenn es in Ägypten eine innenpolitische Krise gab. Da am Tourismus viele Arbeitsplätze hängen, kann die Wirkung eines Einbruchs wie im Jahr nach dem Juni-

Krieg 1967, als die Tourismuseinkünfte auf die Hälfte sanken, erhebliche sozial- bzw. innenpolitische Folgen haben. Auch bei allen späteren Krisen ging jeweils die Zahl der Touristen deutlich zurück. Zum Glück für Ägypten waren aber die Zuwachsraten bei den Deviseneinkünften aus dem Tourismus stets deutlich höher als bei den Touristenzahlen. Darum stagnierten die Netto-Deviseneinkünfte in den Krisenjahren nur, ohne zu fallen. Das muß künftig aber nicht so bleiben. Zudem haben nach den Krisen des letzten Jahrzehnts die Deviseneinkünfte mit 920 Mio.$ im Jahr 1989 nicht die für diesen Zeitraum prognostizierte Summe von über 1 Mrd.$ erreicht.

Ob in den 80er Jahren ständig mehr als 2 Mio. Ägypter im Ausland lebten und arbeiteten oder *nur* knapp eineinhalb Millionen, ist nicht verläßlich zu klären. Jedenfalls haben diese Ägypter – abgesehen von dem, was sie im Ausland oder auf dem ägyptischen Schwarzmarkt anlegten bzw. was sie bei ihrer Rückkehr an Werten in Form von Konsumgütern mitbrachten – ab 1979 jährlich etwa 2 Mrd., ab 1983 sogar über 3 Mrd.$ nach Ägypten überwiesen. Selbst die Rezession in den Golfstaaten Mitte der 80er Jahre wirkte sich kaum auf die Höhe der Überweisungen aus, weil zu dieser Zeit mehrere hunderttausend Ägypter im Irak Arbeitskräfte ersetzten, die wegen des Krieges mit Iran zum Militär eingezogen worden waren. Als Ägyptens Öleinnahmen sanken, überwiesen die Gastarbeiter manches Jahr mehr als die Deviseneinnahmen aus Erdölexport, Suezkanal und Tourismus zusammengenommen.

Unternehmer in Uniform

Seit dem Friedensvertrag mit Israel 1979 haben die ägyptischen Streitkräfte neben ihren militärischen neue zivile Aufgaben übernommen und leisten damit einen doppelten Beitrag zur Entwicklung des Landes: Die vom Militär gegründeten Organisationen und Betriebe tragen in erheblichem Umfang zum Bruttoinlandsprodukt bei, und junge Rekruten werden im Rahmen ihres Dienstes für zivile Aufgaben geschult. Das Militär ist dabei in allen Wirtschaftsbereichen tätig geworden. Als Auftragnehmer bei öffentlichen Ausschreibungen hat die „Organisation für den nationalen Dienst“ beispielweise 40% aller Telefonleitungen gelegt, deren Installation im Rahmen des 5-Jahres-Plans 1981–86 vergeben wurde. Die Organisation unterhält Fabriken, engagiert sich beim Ausbau der Infrastruktur, in der Bauwirtschaft und im Dienstleistungssektor. Eine eigene „Abteilung für Nahrungsmittelsicherheit“ ist mit dem Ziel tätig, die völlige Selbstversorgung der Streitkräfte mit Nahrungsmitteln sicherzustellen. Die Organisation arbeitet in eigenen Neulandgewinnungsprojekten, baut profitable Obst- und Gemüsesorten an und verfügt über hochtechnisierte Viehzuchtstationen, Geflügelfarmen und Fischzuchten. Im „Agro-Business“ ist die Organisation inzwischen Ägyptens größtes Unternehmen. Bereits 1986 soll es einen Anteil von 18% an der gesamten Nahrungsmittelproduktion gehabt haben.

Ein Großteil der wirtschaftlichen Aktivitäten des Militärs kommt direkt Militärangehörigen zugute. So wurden Mitte der 80er Jahre 5% aller Neubauwohnungen in Ägypten vom Militär in Wohnsiedlungen für Offiziersfamilien gebaut. Abgesehen von günstigen Mieten gehören zur guten Infrastruktur der Siedlungen eigene Kindergärten, Grund- und Oberschulen sowie eigene Läden, sog. „Verbraucherkooperativen“, deren breites Angebot auch im freien Handel kaum erhältliche Waren umfaßt und im Preis subventioniert ist.

Der wichtigste Produktionszweig ist allerdings die Rüstungsindustrie, die, so schätzen Experten, in etwa 30 Fabriken mit 70 000 Arbeitskräften hauptsächlich im Großraum Kairo konzentriert ist. Ägypten deckt nicht nur seinen Bedarf an leichten Waffen und Munition weitgehend selbst, sondern produziert, teils in Lizenz, teils als eigene Weiterentwicklung, auch komplexere Waffensysteme wie Artilleriegeschütze, Panzer- und Luftabwehrraketen, Panzer und Flugzeuge wie den Alpha-Jet. Selbst die Montage des hochkomplexen französischen Kampfbombers *Mirage 2000* ist geplant. Ägyptens Rüstungsindustrie hat unter anderem den Irak während des Krieges mit Iran mit Waffen, Ersatzteilen und Munition versorgt und möglicherweise bereits damals wertmäßig den Export der zivilen verarbeitenden Industrie überholt. Über die Höhe der Deviseneinnahmen aus dem Rüstungsexport gibt es allerdings nur Schätzungen, die zwischen 500 Mio. und 1 Mrd.US-$ pro Jahr schwanken. Zudem schließen diese Einnahmen wahrscheinlich Exporte von Rüstungsgütern ein, die von Ägypten selbst importiert wurden – z. B. Ersatzteile für die sowjetischen Waffen des Irak. Auf jeden Fall tauchen die Einnahmen ebensowenig in der Außenhandelsstatistik auf wie Ägyptens Waffenkäufe im Ausland.

Im Prinzip mag es ja begrüßenswert sein, wenn Militärs ihre teuren Geräte durch Exportproduktion verbilligen – die Wirtschaftsaktivitäten der ägyptischen Militärs sind jedoch eine zweischneidige Angelegenheit. In der politischen Diskussion wird hauptsächlich kritisiert, daß sich die Wirtschaftsaktivitäten des Militärs jeglicher parlamentarischer Kontrolle entziehen. Zum zweiten sei es nicht die Aufgabe des Militärs, sich derart umfangreich im zivilen Bereich zu betätigen. Und schließlich sei ganz ungeklärt, ob der „Militärsektor“ der Wirtschaft überhaupt ökonomisch arbeitet.

Auf jeden Fall nutzte der Militärsektor seine privilegierte Position zwischen privatem und öffentlichem Sektor zu merkwürdigen Geschäften: Beispielsweise hat das Militär auf eigene Rechnung riesige Grundstücke an Privatinteressenten verkauft, als Grund und Boden der Militärlager am Stadtrand von Kairo immer wertvoller wurden und sich neue Lager auch etwas weiter draußen in der Wüste errichten ließen. Als staatliche Institution konnte sich das Militär Staatsland für landwirtschaftliche Projekte aneignen, bei der Zuweisung der Gewinne verhielt sich die „Abteilung für Nahrungsmittelsicherheit“ dann aber wie ein Privatunternehmen. Ebensowenig kann der Staat auf die Gewinne der Rüstungsindustrie zurückgreifen, obwohl er sie mit hohen Summen subventioniert – direkt durch Investitionen und indirekt durch billige Rohstoffe, billige Energie und nicht zuletzt durch die billige Arbeitskraft der Rekruten. Und schließlich absorbiert der Militärsektor überproportional viele hochqualifizierte Techniker und Wissenschaftler, die an anderer Stelle mehr zur Entwicklung Ägyptens beitragen könnten.

Ägypten importiert zu viel, und das Handelsbilanzdefizit wächst und wächst: Im Haushaltsjahr 1988/89 standen schließlich Einfuhren im Wert von 10,1 Mrd.$ Ausfuhren von nur 2,6 Mrd.$ gegenüber. Suezkanal-Gebühren, Tourismuseinkünfte und Gastarbeiterüberweisungen konnten das Loch nicht schließen. In der Leistungsbilanz entstand ein Minus von 1,5 Mrd.$, und da Ägypten höhere Schuldzinsen und Tilgungsraten zahlen mußte, als neue Kredite verfügbar wurden, blieb am Ende eine Finanzierungslücke von etwa 5 Mrd.$ für fällige Zahlungen.

Da Ägypten, von den kurzfristigen Zahlungsverbindlichkeiten abgesehen, langfristige Kredite für Investitionen aufnahm, wuchs auch 1989 die öffentliche mittel- und langfristige Auslandsschuld weiter an. In jedem Regierungsjahr Mubaraks war sie im Schnitt um 4 Mrd.$ bis auf über 43 Mrd.$ 1988 gestiegen. 1990 hatte sie die 50 Mrd.$-Grenze erreicht. Schulden in dieser Höhe mögen uns nicht so erschrecken, sind sie doch gar nicht soviel höher als beispielsweise jene der Deutschen Bundesbahn, die etwa gleichzeitig die 50 Mrd.DM-Grenze überschritten haben. Was eine solche Schuld jedoch für ein Land wie Ägypten bedeutet, zeigt der Vergleich mit Brasilien, dem absolut am höchsten verschuldeten Entwicklungsland: Brasiliens Auslandsschuld entsprach 1988 mit 101 Mrd.$ knapp einem Drittel seines Bruttoinlandsproduktes (BIP) von 324 Mrd.$ im selben Jahr. Ägyptens Schulden dagegen waren größer als sein BIP von nur 34 Mrd.$. Anders ausgedrückt: Während die Brasilianer mit ihrer Arbeitsleistung von vier Monaten die Auslandsschulden ihres Landes begleichen könnten, müßte im Fall Ägyptens jeder Ägypter ein Jahr und vier Monate arbeiten, ohne einen Piaster für sich selbst zurückzubehalten.

Zusammen mit Polen war Ägypten Anfang 1990 das Land mit der im Verhältnis zum BIP höchsten Auslandsschuld. Allerdings haben Ägyptens Kredite etwa im Vergleich zu Brasilien insgesamt günstigere Bedingungen mit längeren Laufzeiten und niedrigeren Zinssätzen. Andererseits hatte die „Umschuldung" eines größeren Schuldenpakets im Jahr 1987 Ägypten nur eine kurze Verschnaufpause gegeben. Schon im Haushaltsjahr 1988/89 waren wieder 6,6 Mrd.$ an Zinsen und Tilgung fällig – mehr, als Ägypten bei gutem Willen zahlen konnte. So mußte die Regierung erneut den Internationalen Währungsfonds (IWF) zu Hilfe rufen, um weitere 10 Mrd.$ umzuschulden. Der IWF stellte jedoch die am Anfang dieses Kapitels genannten harten Bedingungen.

Die ägyptische Regierung zögerte, diese Bedingungen rückhaltslos zu erfüllen, da alle Maßnahmen, die dem IWF zur Strukturanpassung notwendig schienen, neben den erwünschten positiven Effekten zugleich auch fragwürdige wirtschaftliche und soziale Konsequenzen haben konnten. Die Regierung hatte das Ägyptische Pfund bereits vor der Umschuldung 1987 abgewertet. Eine weitere Abwertung sollte die dadurch teurer werdenden Importe verringern und zugleich die billiger werdenden Exporte konkurrenzfähiger machen. Teurer würden dadurch aber auch Maschinen und Ersatzteile sowie Rohstoffe und Halbfertigwaren für Ägyptens importabhängige Industrien, so daß im Endeffekt auch die Preise für ägyptische Industrieprodukte steigen müßten – dies umso mehr, wenn die vom IWF geforderte Zinserhöhung die Kapitalaufnahme der Industrie erschweren würde. Ägyptische Wirtschaftsfachleute bezweifelten zudem, daß eine Zinserhöhung auf 20% bei einer Inflationsrate um 30% die Menschen dazu motiviert, soviel mehr zu sparen, daß der Konsum wirklich deutlich sinkt. Sie fürchteten vielmehr, daß die vom IWF geforderten Maßnahmen die Inflation nur noch anheizen würden.

Fast 20% des Gesamtimports entfallen auf jene dringend benötigten Nahrungsmittel, die die Regierung nicht einfach verteuern kann, ohne gleichzeitig das Problem der Subventionen für Grundnahrungsmittel, Energie und andere Bedarfsgüter anzugehen. Die Subventionen sind entscheidend für das riesige Haushaltsdefizit (1988/89: 13,4 Mrd.LE) mitverantwortlich, das nach den Vorstellungen des IWF auf die Hälfte reduziert werden muß. Die subventionierten Waren, mit denen Nasser die

Lebensbedingungen der einkommensschwachen Bevölkerung hatte verbessern wollen, sind längst eine unerträgliche Last geworden. Das liegt einerseits daran, daß jeder begünstigt wird, also auch die Begüterten. Zum anderen reizen die Subventionen nicht etwa nur beim Brot zur Verschwendung: Energieverschwendung z. B. hat der Staat bis vor wenigen Jahren geradezu herausgefordert, indem Öl, Kraftstoff und elektrischer Strom zu einem Bruchteil der Exportpreise angeboten wurden.

Da die Einkommenssituation der Bevölkerung nicht über Nacht verbessert werden kann, müßte die Regierung beim Abbau der Subventionen gleichzeitig gezielt die Bedürftigen unterstützen. Doch wie viele andere Länder kam auch Ägypten den Sparforderungen des IWF in erster Linie durch vorsichtig dosierte, scheibchenweise Preiserhöhungen nach. Brot und Energie, obwohl immer noch sehr billig, sind in nur zwei Jahren doppelt so teuer geworden wie zuvor und werden deswegen in Zukunft hoffentlich weniger verschwendet werden. Mit der Lösung, die Lasten „gleichmäßig auf alle Schultern" zu verteilen, spart der Staat allerdings sein Haushaltsdefizit vor allem den ärmeren Ägyptern vom Munde ab. Dies gilt nicht nur, weil die Armen insgesamt den Großteil der subventionierten Waren konsumieren. Es gilt auch für den einzelnen. Eine Familie mit niedrigem Einkommen muß von diesem Einkommen einen sehr viel größeren Anteil für Grundnahrungsmittel und andere Güter des täglichen Bedarfs aufwenden als die Familie eines Besserverdienenden. Da aber gerade diese Güter bisher subventioniert wurden, wird für arme Familien im Verhältnis sehr viel mehr von dem teurer, was sie unabdingbar zum Leben brauchen. Eine solche Lastenverteilung nach dem „Verursacherprinzip" kommt de facto einer Umverteilung nach oben gleich, weil die soziale Kluft zwischen arm und reich zugunsten der Reichen vergrößert wird.

Sozial besser verträgliche Maßnahmen werden in Ägypten durchaus diskutiert: Man könnte die Subventionen streichen und dafür Bedürftigen direkte Unterstützungen zahlen; doch das zu organisieren, könnte bei Millionen Menschen unter der Armutsgrenze zu aufwendig und damit am Ende bald so teuer sein wie die Subventionen. Andererseits hat die Regierung nicht alle Chancen wahrgenommen, die sich geboten haben: Hätte sie beispielsweise nicht bei den Energiepreiserhöhungen die Benzinpreise wesentlich stärker anheben können als den Preis für Butangasflaschen? Damit wären Autobesitzer stärker zur Kasse gebeten worden als die auf Butan angewiesene Gesamtheit der Haushalte. An eine Erhöhung der direkten Steuern hat sich die Regierung schon gar nicht gewagt, obwohl sich das Haushaltsdefizit wahrscheinlich schon schließen ließe, wenn nicht nur Arbeiter und Angestellte, denen die Steuern vom Lohn bzw. Gehalt abgezogen werden, ihre Einkommen ehrlich versteuern würden, sondern alle Ägypter. Nach der Steuerstatistik sind nämlich die Einkommen von Freiberuflern und Unternehmern in Ägypten so niedrig, daß eigentlich kaum jemand in der Lage sein sollte, jene teuren Autos und anderen Konsumgüter zu erwerben, die auf rätselhafte Weise die Importstatistik belasten.

Hosni im Glück?

Nicht lange nach dem Ende des ersten Golf-Krieges zwischen dem Irak und Iran begannen 1989 ägyptische Gastarbeiter in großer Zahl zurückzuströmen – viele aus dem Irak ohne ihre Ersparnisse, nachdem ihnen die Regierung aus Devisenmangel die Konten gesperrt hatte. Sie kehrten nach Ägypten in eine Situation zurück, in der die Arbeitslosigkeit bereits etwa 20% betrug, in der die Inflationsrate nach inoffiziellen Schätzungen die 30%-Marke überschritten hatte, in der der Regierung die Mittel für dringend erforderliche Investitionen in neue Arbeitsplätze fehlten und in der nicht zuletzt der Rückgang der Gastarbeiterüberweisungen die Devisen- und Schuldenprobleme des Landes weiter verschärfen mußte.

Als dann im August 1990 mit der irakischen Invasion in Kuwait erneut eine schwere internationale Krise ausbrach, war Ägypten eines der am stärksten betroffenen Länder: Die Kuwait-Krise beschleunigte noch einmal den Rückkehrerstrom von mehreren hunderttausend Gastarbeitern. Wie immer in Krisensituationen stornierten Zehntausende von Touristen bereits gebuchte Ägyptenreisen. Bis die Krise Anfang 1991 im zweiten Golf-Krieg gipfelte, waren bereits mehrere hunderttausend Touristen weggeblieben. Den gewaltigen Devisenausfall konnten die etwa 40 000 kuwaitischen Flüchtlinge in Ägypten, von denen viele in andernfalls leerstehenden Kairoer Hotels untergebracht waren, nicht ausgleichen. Diesmal traf die Krise sogar die Suezkanal-Einnahmen, denn das von den Vereinten Nationen gegen den Irak verhängte Embargo verringerte drastisch den Tankerverkehr durch den Suezkanal: Allein die irakischen und kuwaitischen Öllieferungen hatten in den vorangegangenen Jahren mehr als ein Drittel der passierenden Tonnage ausgemacht.

Im Spätsommer 1990 mußten Ägyptens Zukunftsaussichten Betroffene wie Beobachter schrecken: Während die sowieso schon unzureichenden Deviseneinnahmen plötzlich schrumpften, wuchsen im selben Zusammenhang die internen wirtschaftlichen Probleme. Die Verschuldungssituation war noch finsterer als im Jahr zuvor. Außer an die USA als den größten und politisch wichtigsten Kreditgeber zahlte Ägypten kaum noch Schuldzinsen, geschweige denn größere Tilgungssummen. Die Regierung hatte zwar ein Paket von Strukturreformen angekündigt, das endlich die Zustimmung des Internationalen Währungsfonds finden sollte. Den neuen Beistandskredit des IWF hatte Ägypten aber noch keineswegs...

Seit Anfang der 80er Jahre war ein solches Krisenszenario mit entsprechenden sozialen Spannungen und politischen Unruhen abzusehen gewesen. Nun schien es da: *Rien ne va plus*! Im wirklichen Leben wäre hier die Geschichte von Hosni zu Ende, hätte ihn jetzt das Gewicht seiner schweren Steine in einen tiefen Brunnen mit hinabgerissen. Aber zum Glück gibt es ja noch Märchen.

Als erstes stiegen mit der Krise und der wachsenden Kriegsangst die internationalen Ölpreise in ungekannte Höhen, was Ägyptens Chancen erheblich verbesserte, die Exporteinnahmen, zumindest vorübergehend, kräftig zu steigern. Bald darauf schnellten auch die Suezkanal-Einnahmen wieder in die Höhe, als die Einnahmeausfälle aus dem Tankerverkehr durch Kriegsschiffe auf dem Weg zum und vom Golf mehr als kompensiert wurden. Gute Nachrichten kamen darüber hinaus aus der Wirtschaft: Bereits in den vorangegangenen Monaten hatten sich die Exporterlöse aus der traditionellen Warenausfuhr deutlich verbessert. Aufgrund erster Vorausschätzungen für 1990/91 zeichnete sich zudem beim Weizen eine Rekordernte ab, die den Importanteil auf unter 50% des Bedarfs senken würde. Auch die neue Baumwollernte wird nach eher mageren Jahren trotz des weiter gestiegenen Inlandsverbrauchs wieder größere Mengen für den Export übriglassen.

Am stärksten allerdings zahlte sich Mubaraks schnelle und eindeutige Parteinahme gegen Saddam Hussein aus: Kuwait und die mit ihm verbündeten Golfstaaten Saudi-Arabien, Bahrain, Qatar und die Vereinigten Arabischen Emirate erließen Ägypten Schulden in Höhe von über 7 Mrd.$. Dies brachte zwar keine unmittelbare Entlastung für die ägyptische Leistungsbilanz, weil Ägypten für diese Schulden schon seit Jahren keine Zinsen oder Tilgungen mehr gezahlt hatte. Aber die Golfstaaten kündigten auch gleich umfangreiche Hilfeleistungen und neue Kredite an. Unmittelbar entlastend wirkte sich dagegen die Bereitschaft der USA aus, Ägypten 90% der Militärhilfeschulden zu streichen: 7,1 Mrd.$ (zuzüglich fälliger Zinsen) ließen sich damit die USA die Ankündigung Mubaraks kosten, er werde die alliierte Koalition durch 40 000 ägyptische Soldaten verstärken.

Bei so viel Großzügigkeit mochte sich auch die Bundesrepublik nicht lumpen lassen: Im November 1990 unterzeichnete sie ein neues Kooperationsabkommen über Finanzielle und Technische Zusammenarbeit mit einem Gesamtvolumen von 1 Mrd. DM. Gleichzeitig wurden umfangreiche Projektmittel freigegeben, die die Bundesrepublik blockiert hatte, seit Ägypten seine Schulden nicht mehr rechtzeitig zahlte. Schließlich fand sich die Bundesrepublik auch zu einem partiellen Schuldenerlaß bereit, als sie im Januar 1991 bei der Tagung der Finanzminister der Großen Sieben in New York mit den anderen Staaten gemeinsam beschloß, Ägypten mindestens ein Drittel der öffentlichen und öffentlich garantierten Schulden bei den

Großen Sieben zu erlassen. Die genaue Summe blieb noch auszuhandeln und sollte zudem an Ägyptens „Reformbereitschaft" geknüpft sein ...

Bis Mai 1991 hatte Präsident Mubarak dann ein „1000-Tage-Programm" zur Strukturreform vorgelegt, das die meisten Voraussetzungen erfüllte, die der IWF für die Bereitstellung von weiteren Zahlungsbilanzhilfen verlangt hatte. Daraufhin beschloß der „Pariser Club" der wichtigsten Gläubigerländer, 15% der noch verbliebenen ägyptischen Schulden von 35 Mrd. $ unmittelbar zu streichen. Weitere 15% sollen Ende 1992 gestrichen werden, wenn das neue Strukturanpassungsprogramm ausläuft, und noch einmal 20%, sobald mit dem IWF eine Anschlußvereinbarung zur weiteren Strukturanpassung unterzeichnet wird.

Ägypten hat, wie schon öfter in seiner jüngeren Geschichte, auf einen Schlag wieder Luft: In wenigen Monaten haben sich die Auslandsschulden um 40% reduziert, unter Berücksichtigung der weiteren Zusagen sogar um fast zwei Drittel. Aber selbst dann blieben immer noch höhere Schulden als beim Amtsantritt Mubaraks, als sie schon unerträglich hoch waren. Es wären immer noch Schulden, die als Anteil des Bruttoinlandsprodukts höher sind als die Brasiliens.

Die Atempause, die Ägypten gewonnen hat, kann nur dann mehr als eine kurze Atempause sein, wenn Ägypten sie auch wirklich zu drastischeren Strukturreformen nutzt. Ohne die gibt es keinen Grund, die Anfangszeile dieses Kapitels neu zu schreiben: „Das Problem mit all diesen Zentralverwaltungswirtschaften ist, daß sie Kartenhäusern gleichen..."

7. Nur „fette Katzen" leben gut

„Fette Katzen" nennt der Volksmund die neureichen Geschäftemacher, die ihren Wohlstand gern protzig zur Schau tragen – etwa mit aufwendigen Hochzeitsfeiern in den großen Hotels von Kairo. Jeder Tourist, der einige Tage in einem dieser Hotels wohnt, wird die Gelegenheit haben, an einem frühen Abend, meist donnerstags, den beeindruckenden Aufmarsch der Hochzeitsgäste zu erleben: die Männer in eleganten Maßanzügen, die jungen Frauen im neuesten Pariser Chic oder islamisch-gesittet, aber nicht minder modisch, die älteren Frauen in schwerem Brokat und mit glitzerndem Schmuck. Wenn dann das Brautpaar, begleitet von den rhythmischen Klängen einer traditionellen Musikkapelle und von den schrillen Freudentrillern der jungen Frauen, in den für mehrere hundert Gäste vorbereiteten Festsaal geführt wird, ahnt der Fremde etwas vom Reichtum der Reichen in der armen Welt.

Viele Millionäre und Millionen Arme

Nicht nur „fette Katzen" feiern in Ägypten aufwendige Hochzeiten. Aber sie sind in besonderem Maße Zielscheibe der Kritik, weil viele von ihnen in kurzer Zeit unverhältnismäßig hohe Summen verdienen, obwohl sie nicht mehr leisten, als mit Hilfe ihrer „Beziehungen" Geschäftsabschlüsse und Aufträge zu vermitteln. Wie in anderen Entwicklungsländern auch, geben sie sich bei entsprechend längerfristigen Gewinnerwartungen nicht mit den „üblichen" 5 Prozent der Vertragssumme als Kommission zufrieden. Besonders kräftig zugelangt wurde in der Frühphase der Öffnungspolitik bei der Vermittlung von Aufträgen des öffentlichen Sektors, dem die Lieferfirma dann entsprechend höhere Preise berechnete – denn irgendwer mußte die hohen Kommissionen ja wieder bezahlen. 1979 wurde beispielsweise durch die Presse der Fall einer deutschen Firma bekannt, die im Vorfeld eines Großprojektes der Textilindustrie für einen Auftrag über 8,2 Mio.DM eine Kommission von 3,7 Mio.DM gezahlt hatte.

Durch solche Kommissionsgewinne, aber auch durch Spekulationsgeschäfte im privaten Wohnungsbau sowie kurzfristig profitable Investitionen in Handel, Banken und Tourismus sind seit Beginn der Öffnungspolitik viele Vermögen neu entstanden. In welchem Maß sich dadurch die ungleiche Verteilung von Einkommen und Vermögen wieder verschärft hat, läßt sich nicht genau angeben, weil selbst die Regierung über keine verläßlichen Daten verfügt. Aufgrund einer Stichprobenerhebung über die Konsumausgaben der privaten Haushalte 1981/82 ist geschätzt worden, daß die obersten 10% der Bevölkerung über mehr als ein Drittel aller Einkommen verfügten, während 60% der Bevölkerung am unteren Ende der Einkommensskala ebenfalls nur über ein Drittel verfügten. Angesichts der weitverbreiteten Steuerhinterziehung können das jedoch nur Annäherungswerte sein.

Eine offizielle Vermögensstatistik gibt es in Ägypten so wenig wie in der Bundesrepublik. Manche älteren Ägypter sprechen jedoch von einer noch größeren sozialen Kluft als vor der Revolution von 1952 – die nicht zuletzt durch die extreme Ungleichverteilung mitverursacht wurde. Im Volkswitz zugespitzt, stehen sich Nasserismus und Öffnungspolitik in ihren sozialen Wirkungen gegenüber: Nassers „Arabischer Sozialismus" habe nur die Armut sozialisiert nach dem Prinzip „wenig für alle", während Sadats „Öffnungspolitik" die Entfaltung des Kapitalismus ermöglichte nach dem Prinzip „wenigen fast alles".

Auf der anderen Seite wird auch das Durchschnittseinkommen in Ägypten vom Statistischen Amt der Regierung so niedrig angesetzt, daß eigentlich jeder, der weniger verdient – und das ist die Mehrzahl der Beschäftigten – kaum eine Familie ernähren könnte. Nach diesen Angaben haben sich zwar Löhne und Gehälter von 1983 bis 1988 in nur fünf Jahren auf einen Durchschnitt von etwa 100 Ägyptische Pfund (LE) im Monat knapp verdoppelt. Doch diese Verdopplung ist von der Inflation von jährlich im

Abb.8: Frauen auf einem Markt in der Altstadt: Mit knapper Haushaltskasse eine kinderreiche Familie zu ernähren, ist täglich eine neue Herausforderung.

Durchschnitt 17% mehr als aufgefressen worden. Selbst der mit vielen subventionierten Waren geschönte Warenkorb, an dem die Regierung die Entwicklung der Verbraucherpreise mißt, ist im selben Zeitraum mehr als doppelt so teuer geworden. Seit 1987 wurden dann auch die Preise für subventionierte Waren stark erhöht, weswegen sich bis 1989 in nur zwei Jahren der subventionierte Brotpreis ebenso verdoppelte wie die „freien" Gemüsepreise. Selbst der Preisindex der Regierung machte daraufhin einen jährlichen Sprung von über 25%.

Was ein Einkommen von 100 LE im Monat bedeutet, ist schwer zu vermitteln: Nach der drastischen Abwertung des

Ägyptischen Pfundes im Mai 1987 und der Talfahrt des Dollars, an dem sich das Pfund orientiert, kauften 1990 deutsche Touristen 100 LE für 80 DM. Anfang 1987 kosteten 100 LE immerhin noch etwa 250 DM. Damals gab es allerdings einen blühenden Schwarzmarkt, den die Regierung mit der Wechselkursrefom ausgetrocknet hat. Andererseits verrechnete Ägypten auch nach dieser Reform lebenswichtige Importe – wozu all jene subventionierten Waren gehören, die importiert werden müssen – zu einem hohen Parallelkurs von etwa DM 2,50 pro LE. Wegen dieser künstlichen Höherbewertung, die dem Internationalen Währungsfonds (IWF) ein Dorn im Auge war, waren die 100 LE des Durchschnittverdieners dann real doch mehr wert als die 80 DM des Touristen. Dies galt nicht nur für die Kaufkraft bei Grundnahrungsmitteln, sondern etwa auch bei den Mieten, die seit Anfang der 60er Jahre eingefroren sind und angesichts der Inflation nur noch einen Bruchteil ihres damals schon niedrigen Wertes ausmachen.

Nachdem die Regierung auf Drängen des IWF den Parallelkurs bereits 1988 abzubauen begann, hat sie im Februar 1991 die Wechselkurse freigegeben. Das Ägyptische Pfund sackte daraufhin im Verhältnis zum Dollar noch weiter ab; und da zu diesem Zeitpunkt der Dollar gegenüber der DM sehr schwach war, zahlten deutsche Touristen für LE 100 plötzlich nur noch DM 50. Was dieser erneute Einbruch für die Einkommenssituation der Ägypter bedeutet, ist im Moment der Abfassung dieses Kapitels noch nicht abzusehen.

Von 100 LE, die der Durchschnittsverdiener vor der eben erwähnten Wechselkursänderung nach Hause brachte, kann eine „Durchschnittsfamilie“ mit drei Kindern bestenfalls überleben: Mindestens ein Drittel dieses Einkommens wird für Brot gebraucht, der Rest für andere Grundbedürfnisse. Für Fleisch, das Kilo zu 10 LE, reicht das kaum und für einen Kühlschrank oder einen Fernseher schon gar nicht. Noch schwieriger sieht es für jene Mehrheit der Bevölkerung aus, die den Durchschnittsverdienst nicht erreicht. Ganze Berufsgruppen lagen darunter: In der Landwirtschaft beispielsweise betrug nach Angaben der Statistiker der Durchschnittslohn 1987/88 im Monat nur 44 LE.

Auch in jenen Branchen, in denen überwiegend Neuzuwanderer vom Lande arbeiten, lag das Durchschnittseinkommen extrem niedrig: im Baugewerbe bei etwa 90 LE und bei privaten Dienstleistungen, also beim Hauspersonal, Türstehern, Boten und dgl. sogar bei nur 76 LE. Hotelpersonal und andere im Tourismusbereich Beschäftigte werden mit durchschnittlich LE 130 im Monat ebenfalls schlecht bezahlt, weil bei ihnen angenommen wird, daß sie ihr Einkommen durch Trinkgelder aufbessern können.

Die offiziellen Zahlen sind so niedrig, daß sie – wie andere statistische Angaben auch – mit Vorsicht aufgenommen werden müssen. So geben die jährlichen Veröffentlichungen den starken Anstieg von Löhnen in der Landwirtschaft und im Baugewerbe Mitte der 80er Jahre nicht wieder, als die massive Arbeitsmigration in die Golfstaaten zu Arbeitskräftemangel in Ägypten führte. Offensichtlich werden auch in Ägypten nicht alle Einkommen in voller Höhe angegeben. Um einen ungefähren Eindruck von der miserablen Einkommenssituation des Durchschnittsverdieners zu bekommen, reichen die Zahlen jedoch allemal.

Da *Durchschnitt* immer bedeutet, daß einige zum Teil deutlich mehr verdienen, die Mehrheit dagegen gerade den Durchschnitt oder weniger, kann von solchen Einkommen an und unter der Armutsgrenze niemand eine Familie ernähren. Im öffentlichen Dienst und den Fabriken des öffentlichen Sektors werden die Einkommen durch Sozialleistungen, Leistungszulagen und Gewinnbeteiligungen zum Teil bis auf das Doppelte angehoben – immer noch viel zu wenig für ein auskömmliches Dasein. Im privaten Sektor werden für qualifiziertere Aufgaben von vornherein höhere Löhne und Gehälter gezahlt – aber auch dort für die meisten unterm Strich viel zu wenig.

Wege aus der Not: Mehrfacharbeit, Frauenarbeit, Kinderarbeit

Für die große Mehrheit der Bevölkerung hat die allgemeine Einkommenssituation brutale Konsequenzen: Wer immer es schafft, eine zweite oder auch noch eine dritte Beschäftigung zu finden, muß zugreifen. Der müde Beamte, der uns morgens im Presse- und Informationsamt Auskünfte erteilte, mag uns nachmittags als Taxifahrer in der Altstadt wiederbegegnen und abends als Hilfskellner in unserem Hotel, immer noch müde – oder schon wieder. Während Frauen in gehobenen Positionen oft aus Statusgründen arbeiten, um die eigene Unabhängigkeit zu betonen, nimmt das Heer von schlechtbezahlten und unterbeschäftigten Frauen in den total überfüllten Büros der Ministerien entwürdigende Arbeitsbedingungen in Kauf, weil das knappe Familieneinkommen sonst nicht reichen würde.

Zwei Millionen Kinder im Alter zwischen 6 und 15 Jahren müssen nach Schätzungen der UNICEF in Ägypten arbeiten. Obwohl Kindern unter 12 Jahren bezahlte Arbeit gesetzlich verboten ist, stellen nach einer Regierungsstudie Kinder über 10% aller regelmäßig Beschäftigten. Der Großteil dieser Kinder sind „mithelfende Familienangehörige“ in der Landwirtschaft und in städtischen Kleinbetrieben. Hunderttausende arbeiten aber auch im informellen Dienstleistungssektor und seit den 80er Jahren besonders im Baugewerbe, wo sie jene Hilfsarbeiter ersetzt haben, die auf der Suche nach besseren Einkommensmöglichkeiten als Gastarbeiter ins Ausland abgewandert sind. Gerade diesen Kindern droht seit 1990 angesichts der Rückkehr von mehreren hundertausend Gastarbeitern (vgl. Kap. 6) die Arbeitslosigkeit – für viele Familien eine Tragödie, denn diese Kinder arbeiten weder aus Spaß, noch weil ihre Eltern verantwortungslos habgierig sind, sondern meist aus schierer Not.

Der erschreckende Umfang der Kinderarbeit trägt auf seine Weise zum Abbau des nasseristischen Sozialstaates bei: Nassers Ziel, die Analphabetenrate bis 1980 unter 50% zu drücken, wurde nur knapp verfehlt. Seitdem haben höhere Schülerzahlen in den Klassen und insbesondere die vermehrte Kinderarbeit dazu geführt, daß die Zahl derer wächst, die die Schule nach den ersten Grundschuljahren abbrechen bzw. sie als de facto-Analphabeten verlassen. Während die offizielle Erfolgsstatistik die Zahl der Analphabeten inzwischen bei unter 50% sehen will, liegt sie nach Weltbank-Angaben insgesamt bei 56% und bei den Frauen sogar immer noch bei 70%.

Es gehört zu den unerwünschten Konsequenzen von Nassers Sozialpolitik, daß manche seiner Maßnahmen, wie etwa die Preissubventionen, Verschwendung fördern und die Falschen begünstigen. Doch während sich die Regierung schwer tat, solche Mißstände zu beseitigen, ließ sie den Abbau des Nasserschen Sozialstaates in Bereichen zu, wo dessen Leistungen eher hätten verbessert werden müssen. So haben zu niedrige Staatsausgaben für Erziehung und Gesundheit dazu geführt, daß die Qualität des Bildungswesens schlechter geworden ist und endemische Krankheiten wie Bilharziose und Malaria wieder zunehmen konnten. Auch die staatliche Arbeitsplatzgarantie erfüllt ihre Funktion als Notanker schon lange nicht mehr, obwohl das entsprechende Gesetz immer noch nicht aufgehoben ist. Ist es Zufall, daß die Wohlhabenderen zwar von den Subventionen profitieren, von den Verschlechterungen im Erziehungs- und Gesundheitswesen aber kaum betroffen sind, weil sie ihre Kinder in Privatschulen schicken und auf Ärzte mit Privatpraxen ausweichen können?

Trotz seiner Armut ist Ägypten, besonders im Vergleich zu anderen Entwicklungsländern, noch günstig dran. Ägypten ist ein halb-industrialisiertes Land mit relativ guten Entwicklungschancen und einem Pro-Kopf-Einkommen, das zwar sehr ungleich verteilt, aber insgesamt immerhin doppelt so hoch ist wie das in China oder Indien. Vor allem muß in Ägypten – zumindest bisher noch – niemand hungern, auch wenn viele fehl- oder mangelernährt sind. Von dem, was die Ägypter offiziell verdienen, können die meisten zwar nicht leben. Aber trotzdem lebt die Mehrzahl erträglich, ja, im Vergleich mit den Ärmsten der Armen in der Dritten Welt gar nicht so schlecht.

Schätzungsweise jede dritte Familie hatte irgendwann in den letzten 15 Jahren einen unmittelbaren Angehörigen als Gastarbeiter im Ausland, der mit seinen Überweisungen der ganzen Familie half – auch wenn es ein Sohn war, der sich nur selbstständig machen oder eine eigene Wohnung kaufen wollte. Mit den Gastarbeiterüberweisungen, mit ergänzenden Einkommen aus einem zweiten Beruf oder einem kleinen Geschäft im Bazar, mit Trinkgeldern, Bakschisch – den „Gebühren“ für große und kleine Dienstleistungen – und manchmal eben auch mit Korruption oder Diebstahl bewegt sich sehr viel Geld an Ägyptens Statistikern vorbei von einer Hand in die andere.

Darüberhinaus verhält sich die ägyptische Gesellschaft in hohem Maße solidarisch. Nachbarschaftshilfe ist eine Selbstverständlichkeit, auch und gerade in den Elendsvierteln, in denen Neuzuwanderer sich mit Vorliebe dort niederlassen, wo schon Verwandte und Bekannte aus dem eigenen Dorf wohnen. In diesen Vierteln findet der Zuwanderer soziale Strukturen vor, die ihm die Orientierung in der fremden Stadt erleichtern. Die Gemeinschaft hier wird ihm ganz praktisch helfen, wenn er etwa die Reisekosten nicht aufbringen kann, um zur Beerdigung eines Angehörigen in sein Heimatland zu fahren. Ermöglicht wird das Überleben solch dörflicher Solidaritätsstrukturen in der Stadt häufig durch ehemalige Großgrundbesitzer oder dörfliche Notabeln, die inzwischen in die politische Elite der Stadt und des Landes integriert sind. Als reiche Patrone unterstützen sie mit ihrem Einfluß und mit direkten finanziellen Zuwendungen die sozialen Organisationen der Zugewanderten, so wie sie früher als Grundherren ihre Hintersassen in der Not unterstützt haben. Dafür können sie sich dann bei den nächsten Parlamentswahlen auf den geschlossenen Block der Wählerstimmen des Viertels verlassen.

Darüberhinaus bemühen sich einige tausend private Moscheen, muslimische und christliche Hilfsorganisationen, aber auch religiös ungebundene Wohltätigkeitsvereine um jene Armen, die auf andere Weise keinen Zugang zu Einkommensmöglichkeiten oder zu praktischer Solidarität haben.

Es gibt in der Entwicklungstheorie eine umstrittene These vom „*trickle-down*“, vom „Durchsickern“. Sie beruht auf der Annahme, daß die Wachstumsprozesse, die von Investitionen in Entwicklungsländern ausgelöst werden, irgendwie zu den ärmeren Schichten durchsickern und deren Lebensbedingungen verbessern. Was in Ägypten geschieht, entspricht sicher nicht den Erwartungen dieser Theorie, weil von dem, was „durchsickert“, nicht die erhofften zusätzlichen Entwicklungsimpulse ausgehen. Geschäftemacherei mit den Reichen ist mit einer solchen These allemal nicht zu rechtfertigen – selbst wenn auch „fette Katzen“

unter ihrem Schwarm von Angestellten, Bittstellern und politischen Anhängern ein wenig von ihrem Vermögen weiterverteilen.

Nachbarschaftliche Solidarität in Notlagen darf uns jedoch nicht den Eindruck von einer „heilen Welt" vorgaukeln. Besonders in den überfüllten Elendsvierteln der großen Städte bedeutet Arbeitslosigkeit, ohne Perspektive am Rand des Existenzminimums oder gar darunter vegetieren zu müssen. Hier haben Rauschgiftkonsum und Kriminalität in den letzten Jahren erschreckend zugenommen. War früher Haschisch, gemächlich in der Wasserpfeife geraucht, eine beruhigende Alltagsdroge, vergleichbar mit einem Bier am Feierabend bei uns, nimmt heute, wer es sich leisten kann, Heroin. Und wer sich das nicht leisten kann, schnüffelt Nitroverdünnung. War Kairo bis vor wenigen Jahren eine Metropole mit einer der niedrigsten Kriminalitätsraten, ist heute unter anderem die Beschaffungskriminalität von Heroinsüchtigen für eine steigende Zahl von Morden in Kairo verantwortlich – auch wenn die Situation bei weitem noch nicht mit europäischen oder nordamerikanischen Großstädten zu vergleichen ist.

Aber selbst dort, wo die Menschen jenseits von äußerster Armut, Frustration und Gewalt ihren täglichen Geschäften nachgehen, ist die Welt nicht in Ordnung. Als die Ain Schams-Universität in Kairo im Herbst 1990 eine psychiatrische Klinik mit zwanzig Betten und 500 ambulanten Plätzen eröffnete, wurde eine spezielle Zielgruppe von Patienten genannt, denen besondere Fürsorge gelten solle: Menschen, die mit dem Stress ihrer verschiedenen Berufe nicht mehr zurechtkommen, für die sie bis zu 18 Stunden am Tag unterwegs sein müssen.

8. Zwischen Alleinherrschaft und Gewaltenteilung

Umm Kulthum, Ägyptens weltberühmte Sängerin, wurde eines Tages von ihren drei Neffen um Hilfe gebeten – so will es zumindest ein in der Nasser-Zeit in Kairo umlaufender Witz. Die damals sprunghaft wachsenden Studentenzahlen hatten zu harten Zulassungsbeschränkungen für Jura, Ingenieurwissenschaften und besonders für Medizin geführt. Die Neffen baten deshalb Umm Kulthum, ihren politischen Einfluß spielen zu lassen, damit sie trotzdem aufgenommen würden. „Ich gebe Euch einen guten Rat", soll diese geantwortet haben: „Geht doch zur Militärakademie und werdet Offizier, Militäringenieur oder Militärarzt – dann machen sie Euch hinterher auch gleich noch zum Minister, zum Fabrikdirektor und zum Krankenhauschef!"

Dieser Witz wurde Mitte der 60er Jahre erzählt, als ehemalige und zunehmend auch aktive Offiziere die Schaltstellen der Macht in Ägypten besetzt hielten und in immer neue Bereiche von Wirtschaft und Gesellschaft vordrangen. Einige hundert Offiziere bekleideten damals Führungspositionen in den Ministerien, vertraten Ägypten als Botschafter im Ausland oder saßen als Manager bzw., je nach Qualifikation, als Frühstücksdirektoren in den Unternehmen des öffentlichen Sektors. Selbst Universitäten und Großkrankenhäuser wurden von Militärs kommandiert.

Auch Hosni Mubarak ist wie alle seine Vorgänger im Präsidentenamt ein ehemaliger Offizier, und einzelne Offiziere wie das Militär als Institution insgesamt haben immer noch erhebliches politisches Gewicht. Doch ein typisches Militärregime hat Ägypten schon lange nicht mehr. In der Regierung dominieren zivile Politiker, und im Parlament sitzt der Regierungspartei eine starke Opposition gegenüber. Zwar wäre es vorschnell, daraus den Schluß zu ziehen, Ägypten sei mit dem Übergang zu einem Zivilregime auch eine pluralistische Demokratie geworden.

Aber immerhin sind die politischen Gewalten soweit geteilt, daß das Oberste Verfassungsgericht im Sommer 1990 gegen die Interessen von Mubaraks Regierungspartei die letzten Wahlergebnisse für ungültig erklären und Neuwahlen erzwingen konnte.

Von der konstitutionellen Monarchie zur Militärherrschaft

Das heutige politische System in Ägypten knüpft in mehrfacher Hinsicht an die Zeit vor der Revolution an: Die beiden größten Oppositionsparteien, die Neue Wafd-Partei und die Sozialistische Partei der Arbeit (SPA), schließen im Namen und teilweise im Programm an vorrevolutionäre Parteien an. Deren letzter Generalsekretär bzw. Vizepräsident sind die Gründer und ersten Führer der heutigen Parteien. Schließlich kann man auch das Parteiensystem unter der konstitutionellen Monarchie nicht als echtes Mehrparteiensystem bezeichnen, in dem Machtwechsel durch Wahlen selbstverständlich ist. Vielmehr handelte es sich schon damals um ein System mit einer dominierenden Partei.

Die national orientierte Wafd-Partei (vgl. Kap. 2) beherrschte das politische Leben Ägyptens von der Einführung des parlamentarischen Systems 1923 bis zur Revolution von 1952. Noch 1951 gewann der Wafd klar die Wahlen, obwohl die Partei viel von ihrer Anziehungskraft verloren hatte: Ständiger Hader mit den kleineren Parteien, die sich überwiegend vom Wafd abgespalten hatten, sowie Mißwirtschaft und Korruption hatten seine Führungseliten verbraucht. Zudem schienen alle parlamentarischen Parteien vorwiegend die Interessen der Großgrundbesitzer und der städtischen Oberschicht zu vertreten.

Den Protest der Menschen gegen Arbeitslosigkeit, Massenarmut und die extrem ungleiche Verteilung artikulierten vor allem außerparlamentarische Bewegungen wie das von Kommunisten und anderen Linken beherrschte Nationalkomitee der Arbeiter und Studenten und die Muslimbrüder. Die Gemeinschaft der Muslimbrüder kämpfte seit ihrer Gründung 1928 für eine Erneuerung von Staat und Gesellschaft aus dem Geist des Koran und war mit dieser Zielsetzung bis Anfang der 50er Jahre zur stärksten Massenbewegung in Ägypten mit etwa 500 000 Mitgliedern und ebensovielen Sympathisanten geworden. Verbindungen zur Linken wie zu den Muslimbrüdern unterhielten junge nationalistische Offiziere, die die Regierung und darüber hinaus das politische System als Ganzes für die wirtschaftlichen Probleme und die extreme soziale Ungerechtigkeit verantwortlich machten. Neben Mitgliedern der außerparlamentarischen Bewegungen beteiligten sich auch einige dieser Offiziere – darunter ein mehrfach inhaftierter und verurteilter Heißsporn namens Anwar el-Sadat – an Attentaten auf Politiker und Anschlägen auf britische Einrichtungen.

Nach ihrer Machtübernahme 1952 machten Gamal Abdel Nasser und die Freien Offiziere bald deutlich, daß sie als eine Art revolutionärer Avantgarde die politischen, wirtschaftlichen und sozialen Probleme des Landes lösen wollten, ehe sie die Macht an ein neu aufzubauendes, wahrhaft demokratisches politisches System zurückgeben würden. Bei der Erfüllung dieser selbstgesetzten Aufgaben waren Nasser und sein Revolutionsrat nicht bereit, die neugewonnene Macht mit irgendjemandem zu teilen – auch nicht mit Kommunisten und Muslimbrüdern, obwohl diese die wirtschafts- und sozialpolitischen Zielsetzungen der Freien Offiziere stark beeinflußt hatten. Zwar blieben Kommunisten und Muslimbrüder zunächst verschont, als das Regime politische Parteien verbot. Umso härter wurden sie dann aber verfolgt, als sie, in ihren Hoffnungen auf Machtbeteiligung enttäuscht, auf Konfrontationskurs zum Regime gingen.

Um die Bevölkerung für die revolutionären Ziele des Regimes zu gewinnen und seiner Herrschaft Legitimität zu verschaffen, begann Nasser früh damit, neue politische Strukturen aufzubauen: Bereits 1953 unterstützte ihn eine Befreiungsbewegung mit „spontanen" Sympathiekundgebungen. 1956 schuf sich das Regime dann auch eine formale Legitimationsbasis, als durch Plebiszit eine neue Verfassung angenommen und Nasser mit 99,9% der Stimmen zum Präsidenten gewählt wurde. Die Verfassung sah eine „Nationale Union" als einzige politische Organisation vor, deren wichtigste Aufgabe es war, Kandidaten für die Nationalversammlung auszuwählen.

Die Nationale Union und ab 1962 die straffer aufgebaute Arabische Sozialistische Union (ASU) blieben allerdings politische Organisationen, die als Parteienersatz dem Regime mehr zur Kontrolle der Gesellschaft dienten als zur aktiven Mobilisierung. Dabei war gerade die Gründung der ASU Teil einer großangelegten Mobilisierungskampagne für den Arabischen Sozialismus, der Ägyptens Gesellschaft „total" umwandeln sollte. Voraufgegangen waren umfangreiche Verstaatlichungen im Zusammenhang mit dem Ersten Fünfjahresplan, an denen das prekäre Bündnis mit der ägyptischen Bourgeoisie endgültig zerbrochen war. Deshalb wollte Nasser mit seiner Charta der Nationalen Aktion von 1962 ein neues „Bündnis der arbeitenden Kräfte des Volkes" schmieden: Arbeiter, Bauern, Soldaten, die Intelligenz und das nichtausbeuterische nationale Kapital sollten ein neues Ägypten aufbauen. In der Provisorischen Verfassung von 1964 wurden die Prinzipien der Charta institutionell verankert.

Das Bündnis der Volkskräfte funktionierte jedoch nicht: Angesichts der vielen lukrativen Posten, die es besonders nach den Verstaatlichungen im rasch expandierenden öffentlichen Sektor zu besetzen gab, mißbrauchte Nassers Freund Abdel Hakim Amer seine Machtposition als Oberkommandierender der Streitkräfte zugunsten verdienter Offiziere und guter Freunde. Die offensichtliche Unfähigkeit vieler dieser (Ex-)Offiziere in ihren neuen zivilen Positionen rief harte Kritik bei der Bevölkerung hervor. Da gerade zu dieser Zeit um die Mitte der 60er Jahre die Wirtschaft in Schwierigkeiten geriet, zielte die Kritik schnell über einzelne Militärs hinaus auf „das" Militär und die Wirtschafts- und Gesellschaftspolitik des Regimes insgesamt. Als das Militär dann 1967 im Sechstage-Krieg gegen Israel bei der Erfüllung seiner ureigensten Aufgabe versagte, begann die „De-Militarisierung" der ägyptischen Politik: Um die Folgen der Niederlage zu bewältigen, berief Nasser zwar ein Kabinett mit mehr Militärs denn je. Gleichzeitig mußten aber Hunderte von ehemaligen Offizieren ihre Posten im zivilen Bereich aufgeben. Mehr noch: Die oberste Militärführung mußte sich wegen der Niederlage vor Gericht verantworten – bis auf Amer, dem der Freitod als Ausweg vor der öffentlichen Schande nahegelegt wurde.

Von den ursprünglich 14 Mitgliedern des Revolutionsrates waren nicht mehr viele geblieben: Bereits in den ersten Monaten nach der Machtübernahme hatten zwei der drei Linken gehen müssen, nach zwei Jahren der dritte. Zwei waren gestorben. Gleich vier auf einmal waren 1964 nach Hause geschickt worden, nachdem sie bei Auseinandersetzungen im Präsidentschaftsrat den kürzeren gezogen hatten. Elemente kollektiver Führung, wie sie die nächtelangen Diskussionen in der Frühzeit des Revolutionsrats bestimmt hatten, waren längst der Herrschaft eines Mannes gewichen. Am Ende war neben Nasser eigentlich nur noch Anwar el-Sadat übrig, dessen hitzigem Temperament Nasser stets mißtraut hatte – weswegen Sadat auch nie zum innersten Kern der Machtelite gehörte und so alle Stürme überleben konnte.

Das kontrollierte Mehrparteiensystem Sadats

Als Anwar el-Sadat Präsident wurde, kontrollierten Militärs noch alle wesentlichen Machtpositionen. Mit dem Ziel, eine Liberalisierung der Wirtschaft durchzusetzen, hatte sich jedoch eine neue Koalition aus Teilen der Bürokratie, Managern des öffentlichen Sektors und Vertretern privater Wirtschaftsinteressen gebildet. Dieser Koalition, in der zivile Kräfte dominierten, verhalf Sadat mit seiner „Korrektiv-Revolution“ vom 15. Mai 1971 politisch zum Durchbruch: Auf einen Schlag ließ er eine große Zahl von Nasseristen und Linken verhaften, die offenbar seinen Sturz geplant hatten und denen er vorwarf, Zentren illegitimer Macht gebildet zu haben.

Mit Prozessen gegen diese „Machtzentren“ begann nicht nur die „De-Nasserisierung“ des politischen Systems. Die Presseberichterstattung über die Prozesse setzte zugleich Zeichen für die politische Liberalisierung, weil Berichte über Machtmißbrauch, Korruption und die Foltermethoden der Geheimpolizei kritische Diskussionen auslösten, die nicht vor der Gegenwart Halt machten. Bereits 1971 ließ Sadat durch Volksabstimmung eine Permanente Verfassung billigen, die die Menschen- und Bürgerrechte erweiterte und die Unabhängigkeit der Justiz stärkte. Auch ideologisch setzte er sich von Nasser ab, indem er den Arabischen Sozialismus zu einem „demokratischen Sozialismus" modifizierte, der die Werte von Familie, Religion und Moral sowie den islamischen Charakter der ägyptischen Gesellschaft betonte. Die versprochenen größeren politischen Partizipationsmöglichkeiten ließen allerdings vorerst auf sich warten.

Beim Versuch, das politische System umzugestalten und sich dabei eine eigene politische Basis aufzubauen, mußte es Sadat gelingen, den Einfluß des Militärs einzudämmen. Dies erreichte er vor allem durch häufigen Wechsel in den militärischen Führungspositionen, was die Chancen ehrgeiziger Generäle minderte, zuviel Macht in ihrer Hand zu konzentrieren. Bereits 1971 ernannte Sadat den ersten zivilen Ministerpräsidenten seit 1952. Eine freiere öffentliche Diskussion begann zunächst in der Presse, der größere Meinungsvielfalt gestattet wurde, obwohl die Zensur noch bestehen blieb. Darüber hinaus wurde geduldet, daß die aus den Gefängnissen entlassenen Muslimbrüder schon bald wieder sozial und politisch arbeiteten, auch wenn ihre Organisation – bis heute – verboten blieb (vgl. Kap. 9).

Mit der wirtschaftlichen Öffnung nach dem Oktober-Krieg gewann dann auch die innenpolitische Liberalisierung Konturen. Unterschiedliche wirtschafts- und gesellschaftspolitische Konzeptionen durften in der ASU frei diskutiert und schließlich zur Grundlage von drei Meinungsforen gemacht werden, die im November 1976 mit eigenen Kandidaten an den ersten halbwegs freien Parlamentswahlen seit der Revolution teilnahmen: Die Wahlen gewann mit einer überwältigenden Mehrheit von 280 Abgeordnetensitzen das Forum der Mitte, das den Liberalisierungskurs des Präsidenten und die Schaffung eines gemischtwirtschaftlichen Systems befürwortete. Das Forum der Rechten, das die (Re-)Privatisierung des öffentlichen Sektors der Wirtschaft forderte, gewann immerhin 12 Sitze. Das Forum der Linken, das demgegenüber den öffentlichen Sektor stärken wollte, brachte es auf nur zwei Sitze. Weitere 48 Abgeordnete zogen als Unabhängige ins Parlament.

Nachdem das Experiment gelungen und die eigene Mehrheit unanfechtbar gesichert war, erlaubte Sadat den Foren, sich als politische Parteien zu konstituieren – eine Entscheidung, die dadurch erleichtert wurde, daß die Führer des linken und rechten Forums alte Vertraute aus dem Kreis der Freien Offiziere waren. Einer der beiden, Khalid Muhieddin, ist heute (Frühjahr 1991) als Vorsitzender der linken Sammlungspartei *Tagammu* das letzte politisch aktive Mitglied des ursprünglichen Revolutionsrates, aus dem ihn Nasser 1954 entfernt hatte.

Im Parteiengesetz von 1977 wurde der Rahmen für die weitere Pluralisierung festgelegt: Da Sadat vermeiden wollte, daß unkontrolliert andere Parteien entstünden, wurde die Zulassung einer Partei an die Bedingung geknüpft, daß ihr zwanzig Abgeordnete des Parlaments angehören müssen. Dabei hatte Sadat allerdings die Unabhängigen im Parlament unterschätzt, die der bald darauf gegründeten Neuen Wafd-Partei eine Chance geben wollten und ihr so zahlreich beitraten, daß sie offiziell anerkannt werden mußte. Per Volksabstimmung setzte Sadat daraufhin 1978 sechs Prinzipien durch, mit denen unter anderem allen Personen und Organisationen, die das politische Leben vor der Revolution „korrumpiert" hatten, jegliche politische Betätigung untersagt wurde. Damit mußte der Neue Wafd, zumindest vorerst, seine Aktivitäten einstellen.

Um die Entwicklungen unter Kontrolle zu behalten, gab Sadat seine neutrale Stellung über den Parteien auf und gründete die Nationaldemokratische Partei (NDP), mit der er sich von der *Misr*-Partei (Ägypten-Partei), der Partei des mittleren Forums, und den in ihr noch stark vertretenen alten Garden der Arabischen Sozialistischen Union lösen wollte. Innerhalb weniger Wochen traten jedoch so viele Mitglieder der *Misr*-Partei zur NDP über, daß ihr, wie böse Zungen behaupteten, nicht einmal genügend Aktive für einen Auflösungsbeschluß blieben. Die *Misr*-Partei gab auf, und die NDP wurde Regierungspartei.

Als nächstes sorgte Sadat dafür, daß Ibrahim Schukri, ein Freund aus vorrevolutionären Zeiten, die Sozialistische Partei der Arbeit (SPA) als Oppositionspartei gründen konnte. Eine „ehrenhafte" Opposition, die nicht andauernd Ärger machte wie der eine Abgeordnete der *Tagammu* – den anderen hatte das Parlament bereits wegen Obstruktion ausgeschlossen –, war Sadat so wichtig, daß er einige Abgeordnete seiner eigenen Partei in die SPA abkommandierte, damit die notwendige Zahl von Gründungsmitgliedern zustande kam. Nachdem der Parteienausschuß NDP und SPA anerkannt hatte, waren die Voraussetzungen für ein Mehrparteiensystem geschaffen, wie Sadat es sich für die Selbstdarstellung des neuen demokratischen Ägypten wünschte.

Der Abgeordnete der *Tagammu* und einige Unabhängige hatten die Botschaft aber wohl nicht verstanden und opponierten weiter. Als sie gar dem Friedensvertrag mit Israel nicht zustimmen wollten, löste Sadat im Frühjahr 1979 vorzeitig das Parlament auf. Ein danach per Dekret erlassenes neues Wahlgesetz schuf die richtigen Rahmenbedingungen für Neuwahlen, die der Nationaldemokratischen Partei mit 302 gewählten Abgeordneten eine beruhigende Mehrheit von knapp 80% brachten. Darüberhinaus erhielt die NDP unerwartete Unterstützung von anderer Seite: Nachdem die Sozialistische Partei der Arbeit mit 34 Abgeordneten ins Parlament eingezogen war, sah die Hälfte von diesen offensichtlich ihre Aufgabe als erledigt an und trat unmittelbar nach der Wahl zur NDP über. Auch 12 der 21 Unabhängigen schlossen sich der NDP-Fraktion an – überwiegend ehemalige NDP-Mitglieder, die als Kandidaten nicht wieder aufgestellt worden waren und deswegen in ihren Heimatwahlkreisen erfolgreich als Unabhängige gegen ihre alte Partei kandidiert hatten. Die Partei der Sozialistischen Liberalen als Nachfolgepartei des rechten Forums konnte gerade noch drei Mandate gewinnen, obwohl (oder gerade weil) sich ihre Parteiführung voll hinter Sadats Friedenspolitik gestellt hatte. Die *Tagammu* war chancenlos.

Der Aufbau von Sadats „demokratischem System" schien damit erfolgreich abgeschlossen. Im Frühjahr 1980 hob er den Ausnahmezustand auf, der seit dem Brand von Kairo im Frühjahr 1952 immer wieder verlängert worden war. Eine Volksabstimmung über umfangreiche Verfassungsänderungen schloß den Prozeß ab.

Die 1980 geänderte und ergänzte Permanente Verfassung von 1971 beruht auf der Provisorischen Verfassung von 1964 bzw. auf der ihr zugrundeliegenden Charta der nationalen Aktion, in der Gamal Abdel Nasser 1962 die Prinzipien seines Arabischen Sozialismus formuliert hatte. Zugleich sind in die Verfassung Anwar el-Sadats Vorstellungen vom islamischen Charakter der ägyptischen Gesellschaft und sein Demokratisierungskonzept eingegangen. Das Nebeneinander der „Prinzipien der Revolution vom 23. Juli 1952 und der Revolution vom 15. Mai 1971" führt aber nicht zu einer ungebrochenen Kontinuität der Revolutionen Nassers und Sadats, sondern zu einer irritierenden Diskrepanz zwischen Verfassungsprinzipien und der ägyptischen Wirklichkeit nach zwei Jahrzehnten Öffnungspolitik.

Schon die Parole „Freiheit, Sozialismus, Einheit" in der Präambel (Verfassungsproklamation) klingt wie ein Relikt aus vergangenen Zeiten. Aus derselben Verfassungsquelle stammt die Feststellung des Artikel 1, daß Ägypten „ein demokratischer, sozialistischer Staat (ist), der auf dem Bündnis der arbeitenden Kräfte des Volkes beruht". Das politische System wird zwar nicht mehr mit diesem Bündnis identifiziert, sondern als Mehrparteiensystem bezeichnet (Art.5). Andererseits macht die Vorschrift, daß von den gewählten Mitgliedern der Volksversammlung „mindestens die Hälfte Arbeiter und Bauern" sein müssen (Art. 87), nur Sinn im Zusammenhang mit Nassers Bündniskonzept – das allerdings schon seinerzeit zuließ, daß sich Industriemanager als Arbeiter und wohlhabende Grundbesitzer als Bauern definierten.

Diese Passagen sind nicht einfach bei der Verfassungsrevision übersehen worden. Denn auch die 1980 als beratende zweite Kammer neu geschaffene *Schura*-Versammlung (Ratsversammlung) soll sich darüber den Kopf zerbrechen, wie die Prinzipien der beiden Revolutionen zu wahren sind und was getan werden muß, um „das Bündnis der arbeitenden Kräfte des Volkes und die sozialistischen Errungenschaften zu schützen" (Art.194). Zudem müssen auch die gewählten Mitglieder der *Schura*-Versammlung zur Hälfte Arbeiter und Bauern sein (Art.196).

Welche die zu schützenden sozialistischen Errungenschaften sind, ergibt sich aus den Kapiteln über die sozialen, moralischen und wirtschaftlichen Grundlagen der Gesellschaft. Diese beginnen mit lapidaren Feststellungen, die teils die Handschrift Nassers: „Soziale Solidarität ist das Fundament der Gesellschaft" (Art.7), teils die Sadats tragen: „Familie ist das Fundament der Gesellschaft, gegründet auf Religion, Moral und Patriotismus" (Art.9). Dem Sinn nach unverändert folgen dann aber grundlegende Rechte aus der Verfassung von 1964: das vom Staat garantierte Recht auf Arbeit, das Recht auf soziale Sicherheit und Gesundheitsfürsorge, das Recht auf Erziehung. Und im Kapitel über die wirtschaftlichen Grundlagen heißt es unverändert: „Das Volk soll die Produktionsmittel kontrollieren und deren Mehrprodukt in Übereinstimmung mit dem vom Staat aufgestellten Entwicklungsplan verwenden" (Art.24), und „Der öffentliche Sektor soll die Avantgarde des Fortschritts in allen Bereichen sein" (Art.30)!

Wesentlich erweitert gegenüber der Verfassung von 1964 ist der Grundrechtskatalog in den Artikeln 40–63, in denen von der Gleichheit aller vor dem Gesetz über Glaubens-, Meinungs- und Versammlungsfreiheit, das Recht auf Bildung von Gewerkschaften und Berufsverbänden bis zur Unverletzlichkeit der Privatsphäre alle denkbaren Menschen- und Bürgerrechte garantiert werden. Viele dieser umfangreichen Verfassungsgarantien sind jedoch in der Praxis eingeschränkt, weil der Ausnahmezustand, den Sadat im Mai 1980 erstmals seit der Revolution aufgehoben hatte, nach seiner Ermordung im Oktober 1981 von Präsident Mubarak wieder in Kraft gesetzt und mit Zustimmung des Parlaments seitdem Jahr für Jahr verlängert worden ist. So werden denn der ägyptischen Regierung trotz des vorbildlichen Grundrechtskatalogs vor allem in Berichten von *amnesty international* immer wieder Menschenrechtsverletzungen vorgeworfen, einschließlich der Anwendung von Folter gegenüber politischen Gefangenen.

Andererseits ist in der Verfassung auch die Souveränität des Rechts sowie die Unabhängigkeit und Immunität des Rechtswesens garantiert (Art. 64–72, 165–173). Und die Unabhängigkeit der Gerichte in Ägypten ist in der Tat bemerkenswert. Unter Nasser und Sadat hat das Regime deswegen mit dem Hinweis auf den Ausnahmezustand brisante politische Fälle vor Militärgerichten verhandeln lassen. Die nach der Aufhebung des Kriegsrechts 1980 nach Art. 171 der Verfassung eingerichteten Staatssicherheitsgerichte verhielten sich jedoch auch unter dem erneuten Ausnahmezustand nicht minder unabhängig wie andere zivile Gerichte: Im Prozeß gegen die Mörder Sadats wurden zwar fünf der 24 Angeklagten zum Tode verurteilt und unmittelbar danach hingerichtet. Nach einem jahrelangen Mammutprozeß gegen 300 weitere Mitglieder der für den Mord verantwortlichen *Jihad*-Gruppe wurden die meisten Angeklagten jedoch – trotz der Vorverurteilung in der regierungsnahen Presse – freigesprochen.

Recht unabhängig verhielt sich neben den Gerichten in den letzten zehn Jahren unter dem Ausnahmezustand die von Sadat 1980 erstmals als eine Art „vierte Gewalt“ in die Verfassung aufgenommene Presse (Art. 206–211). Die regierungsnahen großen Zeitungen neigen zwar dazu, auf ihren Titelseiten die offizielle Weltsicht nachzubeten. Auf ihren inneren Seiten läßt aber etwa die halbamtliche *el-Ahram* durchaus kritische Rede und Gegenrede zu. Und die Tages- und Wochenzeitungen der Oppositionsparteien sind als Informationsquelle und Forum für oft beißende Auseinandersetzungen mit der Regierungspolitik aus dem politischen Leben Ägyptens nicht mehr wegzudenken.

Mubarak toleriert in der Oppositionspresse ein wichtiges Ventil für Unmutsäußerungen, die Sadat nicht hatte ertragen können: Sadat brauchte zwar eine halbwegs freie Presse für sein demokratisches Image. Doch nachdem er Oppositionszeitungen 1977 erstmals zugelassen hatte, irritierten ihn offensichtlich die ständigen Berichte über Korruption, Amtsmißbrauch und üble Geschäftemacherei, besonders in *el-Ahali*, der Wochenzeitung der linken *Tagammu*-Partei. Schon nach wenigen Nummern wurde *el-Ahali* daraufhin von der Staatsanwaltschaft mit immer neuen Begründungen jeweils bei der Auslieferung beschlagnahmt, bis den Herausgebern finanziell die Luft ausging. Wie wohl erhofft, gaben sie auf – setzten sich dann aber vor Gericht erfolgreich durch: Seit 1979 erscheint *el-Ahali* wieder, seitdem unbehelligt – zumindest fast ...

Pharaonen, Paschas, Präsidenten – oder: Der eine und die Macht im Staat

Die klare Begrenzung des bewohnbaren Landes auf Niltal und Delta, die ethnische und sprachliche Homogenität der seßhaften Bevölkerung und der von jährlichen Nilüberschwemmungen bestimmte Lebensrhythmus setzten in Ägypten Rahmenbedingungen für die Strukturen von Herrschaft und Verwaltung, deren Grundcharakter über Jahrtausende unverändert blieb: Sie kennzeichneten ein hohes Maß an notwendiger und möglicher Kontrolle und, dadurch bedingt, an Zentralisierung und Bürokratisierung von Autorität und Herrschaft.

In einer Gesellschaft mit solchen Rahmenbedingungen, in der autoritäre Strukturen und die ihnen entsprechenden Verhaltensweisen von Generation zu Generation weitergegeben werden, ist die Neigung erkennbar groß, sich mit dem sinnfälligen Inhaber der Macht – Pharao, Pascha oder heute Präsident – zu identifizieren. Kein Kenner der politischen Szene bezweifelt, daß Sadat und Mubarak auch ohne Wahlmanipulationen bei freien Parlamentswahlen klare Mehrheiten bekommen hätten. Warum genügten ihren Wahlhelfern nicht 60% der Stimmen, warum mußten es 80% sein? Muß annähernd Einmütigkeit für die Partei des Präsidenten die Bedeutung seiner Person und seines Amtes unterstreichen?

Ohne den Präsidenten geht im heutigen Ägypten politisch nichts. Die Machtfülle, die ihm die Verfassung von 1971 einräumt, ist gegenüber der von 1964 zwar etwas beschränkter. Aber nach wie vor ist seine Stellung als Staatsoberhaupt und oberstes Exekutivorgan noch erheblich stärker als etwa die des Präsidenten im französischen Präsidialsystem. Der ägyptische

Präsident übt die Exekutivgewalt aus und legt, gemeinsam mit der Regierung, die Grundlinien der Politik des Staates fest, deren Ausführung er überwacht (Art.137 f.). Die Regierung ist zwar das oberste Exekutiv- und Verwaltungsorgan des States (Art.153); da aber der Präsident den Ministerpräsidenten, die Minister und alle Stellvertreter ernennt und entläßt (Art.141), ist die Stellung der Regierung gegenüber dem Präsidenten immer schwach gewesen. Der Präsident kann einen oder mehrere Vizepräsidenten ernennen (Art.139) – was Mubarak im Gegensatz zu seinen Vorgängern allerdings nie getan hat.

Verstärkt und ergänzt werden die umfassenden Kompetenzen im Exekutivbereich durch plebiszitäre Regelungen und durch Legislativbefugnisse, die allerdings gegenüber der Nasser-Zeit deutlich eingeschränkt sind: Der Präsident kann nicht nur selbst Gesetzesvorlagen einbringen und vom Parlament verabschiedete Gesetze zurückweisen, sondern er kann in Ausnahmesituationen auch Verordnungen mit Gesetzeskraft erlassen, wenn ihn die Volksversammlung mit Zweidrittelmehrheit dazu ermächtigt und seine Dekrete anschließend billigt (Art.108). Darüber hinaus kann der Präsident jederzeit „eine Volksabstimmung über dringende Angelegenheiten durchführen, die die höchsten Interessen des Landes berühren“ (Art.152) – ein Instrument, mit dem besonders Sadat sich gern gegen politische Opposition durchgesetzt hat.

Die Machtfülle des Präsidenten macht aus ihm aber noch keinen Pharao – auch wenn ein deutscher Journalist seinem Nasser-Buch den Titel „Der rote Pharao“ gab und Mohamed Heikals politische Biographie Sadats in deutscher Übersetzung mit dem nicht weniger reißerischen Untertitel „Das Ende eines Pharao“ erschien. Ägyptens Präsident ist kein moderner Gottkönig – weder einer, der unumschränkt herrscht, noch einer, den aus dem Hintergrund, analog zur Priesterschaft im Altertum, ein nicht minder einflußreiches Militär zu manipulieren versucht. Stellung und Stärke des Präsidenten ergeben sich vielmehr aus seiner Fähigkeit, unterschiedliche Interessen innerhalb der politischen Elite auszubalancieren bzw. die relative Macht von Personen und Gruppen innerhalb des Systems gegeneinander auszuspielen.

Die heutige politische Elite ist in ihrer Struktur immer noch ein Produkt des Militärregimes der „Freien Offiziere". In dem Maße, wie die „Freien Offiziere" ihre Kontrolle über Regierung und Bürokratie, über alle gesellschaftlich relevanten Institutionen – wie Medien, Universitäten, Gewerkschaften und Verbände – und schließlich über die Wirtschaft ausweiteten, schufen sie eine neue politische Elite. Diese bestand im Kern aus Offizieren, die aber neben weiteren Offizieren zunehmend Bürokraten, Technokraten, Wirtschaftsfachleute und dergleichen kooptiert haben, auf deren Sachverstand sie angewiesen waren.

An der Machtverteilung innerhalb der Elite hat sich durch die Kooptation neuer Elitenmitglieder wenig geändert: Nasser herrschte, auf eine Kerngruppe gestützt, die zunächst ganz und später überwiegend aus Offizieren bzw. ehemaligen Offizieren bestand. Die Macht dieser Gruppe resultierte aus den unmittelbaren Beziehungen ihrer Mitglieder zu Nasser und mußte sich nicht notwendig in entsprechenden Spitzenpositionen als Minister dokumentieren. Diese Kerngruppe bestimmte als Machtelite, im strikten Sinn des Wortes, die Politik; ohne ihre Zustimmung fiel keine Entscheidung von weitreichender Bedeutung. Konnte sich die Gruppe nicht konsensual einigen, gab Nasser den Ausschlag. War seine Position innerhalb der Gruppe einmal relativ schwach, konnte sie auch auseinanderbrechen wie 1964 nach Auseinandersetzungen im Präsidentschaftsrat. Die nach dem Bruch verbliebene reduzierte Kerngruppe ergänzte Nasser nach und nach durch „neue Gesichter" aus dem Umfeld.

Obwohl Sadat Gründungsmitglied der Freien Offiziere und Mitglied des Revolutionsrats gewesen ist, wurde er erst kurz vor Nassers Tod im Zusammenhang mit der wirtschaftspolitischen Umorientierung Ägyptens Vizepräsident und damit zugleich auch Mitglied der Kerngruppe. Nachdem Sadat diese Kerngruppe im Mai 1971 zerschlagen hatte, bildete sich um ihn allmählich eine neue Kerngruppe überwiegend aus Zivilisten. Mehr noch als bei Nasser zählten in diesem „Küchenkabinett" persönliche Freundschaft und verwandtschaftliche Verbindungen durch Wechselheiraten zwischen den Familien. Wie wenig sich die Zugehörigkeit zu dieser Gruppe formal in Spitzenpositionen niederschlagen mußte, zeigt das Beispiel von Ägyptens größtem Privatunternehmer Osman Ahmed Osman, der als Parlamentsabgeordneter und Sadats Beauftragter für die „Grüne Revolution" weit mehr Macht und Entscheidungsbefugnisse hatte als irgendein zuständiger Fachminister im Kabinett.

Hosni Mubarak wurde von Sadat zum Vizepräsidenten gemacht, weil Sadat den ruhigen und wenig ehrgeizigen, aber im Offizierskorps sehr beliebten Luftwaffenoffizier brauchte, um sein Regime gegenüber den Streitkräften abzusichern. Aufgrund seiner besonderen Stellung konnte Mubarak 1981 nach der Ermordung Sadats die Kontinuität des Regimes wahren. Dies nicht zuletzt, weil er sich offenbar weitgehend aus den Klüngeleien um Sadat herausgehalten hatte und deswegen nicht der „Sadat-Mafia" zugerechnet wurde, die mit dem ermordeten Präsidenten für die innenpolitische Situation, insbesondere die sozialen und religiösen Spannungen, verantwortlich schien.

Mubarak hat erst sehr allmählich seine eigene Kerngruppe aufgebaut, der außer Präsidentenberater Osama el-Baz, der schon zu Sadats Zeiten Mubaraks außenpolitischer Berater war, wohl nur noch ein anderer Zivilist angehört. Die übrigen sind wieder Militärs, von denen Verteidigungsminister Abdel Halim Abu Ghazala, der über vorzügliche Verbindungen zu den Amerikanern verfügte, zeitweilig so viel Macht zu haben schien, daß viele rätselten, wer denn eigentlich Ägypten regiere: er oder der Präsident. Doch auch Mubarak hat das Spiel seiner Vorgänger gelernt: Als die öffentliche Kritik an den wirtschaftlichen Unternehmungen des Militärs immer lauter wurde (vgl.Kap. 6), setzte Mubarak Abu Ghazala als Minister ab, indem er ihn zum Präsidentenberater beförderte – nahe genug, daß er jederzeit kontrolliert werden kann, aber wohl zugleich aus der Kerngruppe herauskatapultiert.

Die Machtelite sichert ihre Stellung über strategisch plazierte Mitglieder und Vertraute aus dem Umfeld der politischen Elite. Prinzip der Elitenrekrutierung ist nach wie vor die Kooptation. Da sich die Mitglieder der Kerngruppe vorwiegend aus ihrem Freundes- und Bekanntenkreis rekrutieren und sich dieses Prinzip nach unten fortsetzt, ist ein weitgefächertes Klientel- und Patronagesystem entstanden, das bis in die unteren Ränge der Bürokratie hinunterreicht. Die politische Elite ist inzwischen zahlenmäßig sehr groß und, von der Kerngruppe und ihrem unmittelbaren Umfeld abgesehen, wenig integriert: Häufiger Wechsel des ausführenden Personals – also der Minister, Staatssekretäre, Provinzgouverneure, Wirtschaftsmanager, Chefredakteure usw. – hat von Anfang an ein umfangreiches Reservoir von Kandidaten für neue Aufgaben geschaffen. Er hat zugleich die Bildung von Cliquen und Faktionen begünstigt, die in wechselnden Allianzen um Posten und Pfründen konkurrieren, die innerhalb des Systems die Zeichen relativer Macht sind.

Auf dem Wege zur pluralistischen Demokratie?

Da die politischen Parteien und die außerparlamentarischen Bewegungen der Kommunisten und Muslimbrüder nach 1952 zerschlagen und alle gesellschaftlich relevanten Gruppen strikter Kontrolle durch das Regime unterstellt wurden, konnte lange Zeit keine Organisation außerhalb der Streitkräfte strukturelle Autonomie erlangen, geschweige denn, sich als Gegenelite aufbauen. Und auch die Autonomie der Streitkräfte unter ihrem Oberbefehlshaber Abdel Hakim Amer endete nach der Niederlage 1967. Selbst als Sadat wieder politische Parteien zuließ, zeigten die meisten von ihnen wenig Autonomie: Die oben geschilderte Gründungsgeschichte der Nationaldemokratischen Partei und der Sozialistischen Partei der Arbeit als ihrer „ehrenhaften" Opposition illustriert dies nur zu deutlich.

Politik wurde – und wird – in Ägypten weniger von organisierten autonomen Gruppen innerhalb von politischen Institutionen gemacht, als in den informellen Strukturen von Klientelnetzen und persönlichen Beziehungen. Wer ein Problem lösen will, löst es individuell für sich und versucht nicht, alle von diesem oder einem ähnlichen Problem Betroffenen politisch zu organisieren, um eine generelle – das heißt normalerweise: gesetzliche – Regelung für alle gleichgelagerten Fälle zu erreichen.

Auch da, wo es rechtliche Regelungen gibt, fragt er nicht, welche Behörde nach dieser Regel für die Lösung seines Problems zuständig ist, sondern er fragt: Wer von meinen Freunden kennt möglicherweise den Onkel des zuständigen Beamten? Und genügt dessen gutes Wort bei einem Glas Tee im Büro oder muß ein Geldschein im Antragsformular den Fluß der Tinte beschleunigen?

In der kleinen linken Oppositionspartei *Tagammu* – die sich allerdings keines nennenswerten Rückhalts in der Bevölkerung, nicht einmal unter der Industriearbeiterschaft, erfreuen kann – und in der Muslimbruderschaft sind aber seit Mitte der 70er Jahre Organisationen (wieder-)erstanden, die zum Ansatzpunkt eines politischen Systems werden können, in dem politische Interessen sich breit organisieren und institutionalisieren. Auch Gewerkschaften, Berufsverbände, Jugend-, Studenten- und Frauenorganisationen haben spätestens seit der Auflösung der Arabischen Sozialistischen Union 1980 mehr Bewegungsfreiheit gewonnen. Doch nur die Berufsverbände der Journalisten, Anwälte, Ärzte und Ingenieure scheinen es geschafft zu haben, stabile autonome Organisationen zu werden, die die Interessen ihrer Mitglieder selbst gegen die Wünsche der Regierung durchsetzen können. Allerdings sind in den späten 80er Jahren mehrere dieser Berufsverbände unter die Kontrolle von islamistischen Kräften geraten.

Wieweit sich auch die beiden größeren parlamentarischen Oppositionsparteien zu autonomen Organisationen entwickelt haben, ist nicht leicht zu sagen. Mit der Patronage-Partei, die der Wafd in den 30er und 40er Jahren war, hat die Neue Wafd-Partei wenig gemein. Andererseits ist es ihr nicht gelungen, sich ein eigenes Wählerpotential dort aufzubauen, wo der alte Wafd am stärksten war: etwa auf dem Lande unter jenen Bauern, die vor 1952 die Hintersassen der alten Patrone waren. Aus wahltaktischen Gründen hat der Neue Wafd sich auch der Chance begeben, als betont überkonfessionelle nationale Partei wieder die bevorzugte Partei der koptischen Minderheit zu werden. Denn kurz vor den Parlamentswahlen von 1984, an denen der Neue Wafd erstmals teilnehmen durfte, hat die Partei in der Hoffnung, sich ein breites islamistisches Wählerpotential zu erschließen, eine größere Zahl von Listenplätzen an Mitglieder der Muslimbruderschaft und der Islamischen Gemeinschaften vergeben. Die Rechnung schien aufzugehen: Mit 15% der Stimmen brachte der Neue Wafd 58 Abgeordnete, davon etwa 10 aus dem islamistischen Spektrum, ins Parlament.

Die Sozialistische Partei der Arbeit (SPA) dagegen scheiterte an der 8%-Hürde des neuen Wahlgesetzes, obwohl sie sich in fünf Jahren parlamentarischer Arbeit zu einer echten Oppositionspartei gemausert und mit über 7% der Stimmen fast ihr altes Ergebnis erreicht hatte. Nicht zuletzt wegen der unfairen 8%-Klausel klagten Oppositionspolitiker vor dem Obersten Verfassungsgericht gegen dieses neue Wahlgesetz – und hätten wohl auch Recht bekommen, wäre ihnen Präsident Mubarak nicht zuvorgekommen, indem er das Parlament vorzeitig auflöste, nachdem dieses noch schnell ein neues Wahlgesetz verabschiedet hatte.

Bei den Neuwahlen im April 1987 setzte sich eine von der SPA geführte Liste mit 59 Mandaten als stärkste Oppositionsfraktion durch: Da sich Muslimbrüder und Wafd-Anhänger sehr bald zerstritten hatten, hatte Ibrahim Schukri die SPA ideologisch zunehmend der islamischen Strömung ideologisch angenähert und schließlich mit der Muslimbruderschaft und der kleinen Partei der Sozialistischen Liberalen ein Wahlbündnis geschmiedet. 35 der 59 Abgeordneten dieser „Islamischen Allianz" waren Muslimbrüder, die damit ebensoviele Abgeordnete stellten wie der Neue Wafd als nur noch zweitstärkste Oppositionsfraktion. Zusammen mit 7 Unabhängigen saßen in der neuen Volksversammlung 101 Oppositionsabgeordnete – mehr als in irgendeinem Parlament seit den Zeiten der konstitutionellen Monarchie. Doch auch in diesem Parlament war die verfassungsändernde Mehrheit der Regierungspartei NDP mit 347 Abgeordneten (77%) völlig unangefochten.

Wieder wurden der Regierung massive Wahlmanipulationen vorgeworfen. Wieder zogen Oppositionspolitiker wegen des immer noch unfairen Wahlgesetzes vor das Oberste Verfassungsgericht. Und wieder bewies ein ägyptisches Gericht seine

Unabhängigkeit und erklärte 1990 die Wahlergebnisse von 1987 für null und nichtig. Nach der gerichtlich verfügten Auflösung des Parlaments sollten aufgrund des erneut geänderten Wahlgesetzes diesmal in 222 Wahlkreisen jeweils zwei Abgeordnete gewählt werden, wobei unabhängige Kandidaten gleiche Chancen mit Listenkandidaten der Parteien haben sollten.

Als Präsident Mubarak jedoch auf eine Reihe von Forderungen der Opposition nicht einging, mit denen diese faire Wahlen sichern wollte, wurde bereits im Vorfeld der Wahlen deutlich, daß die Demokratisierung weiterhin Grenzen hat. Bereits nach den „Brotunruhen" vom Januar 1977 hatte Sadat per Referendum ein gesetzliches Demonstrations- und Streikverbot durchgesetzt, das für manche Tatbestände sogar die Todesstrafe vorsieht. Weitere Referenden hatten 1978 das „Gesetz zum Schutz der inneren Front und des sozialen Friedens" und 1980 das „Gesetz zum Schutz der Werte vor der Schande" abgesichert, mit denen Sadat jene politischen Handlungsspielräume, die seine Liberalisierungspolitik geschaffen zu haben schien, wieder erheblich einschränkte. Obwohl Mubarak der Opposition allein schon mit diesen Gesetzen enge Grenzen ziehen könnte, lehnte er es ab, den seit der Ermordung Sadats herrschenden Ausnahmenzustand aufzuheben und auf die außerordentlichen Vollmachten zu verzichten, mit denen er seit seinem Amtsantritt regiert.

Da das Regime offensichtlich nicht bereit war, Wahlbedingungen zuzulassen, die die faktische Alleinherrschaft der regierenden NDP bedrohen konnten, beschlossen die Wafd-Partei, die Muslimbruderschaft und die Parteien der „Islamischen Allianz", die Wahlen zu boykottieren. So kam es denn, daß als Ergebnis der Parlamentswahlen vom 29. November 1990 nur noch eine einzige Oppositionspartei im Parlament vertreten ist: die linke *Tagammu* mit 6 Abgeordneten bzw. 1,4% der Stimmen! Allerdings sind unter den 180 Abgeordneten, die als Unabhängige gewählt wurden, auch prominente Mitglieder der anderen Oppositionsparteien bzw. der Muslimbruderschaft. Da andererseits aber wieder viele NDP-Anhänger das liberalere Wahlgesetz nutzten, um als Unabhängige anzutreten und sich später wieder der alten Partei anzuschließen, saß schließlich, nachdem alle Stimmen ausgezählt waren, in der neuen Volksversammlung sogar ein Abgeordneter der NDP mehr als in der alten, nämlich insgesamt 348.

Zweifellos hat sich Ägyptens autoritär-bürokratisches System im letzten Jahrzehnt weiter geöffnet. Aber dieses tolerierte Mehr an Pluralität bedeutet noch nicht, daß sich Ägypten auf dem Wege zur pluralistischen Demokratie befindet. So scheinen es auch die Ägypter selbst zu sehen, denn trotz der ermutigenden Interventionen des Obersten Verfassungsgerichts ist die Wahlbeteiligung bei der letzten Wahl 1990 auf unter 50% gesunken. Da sich aber nur 50% der Ägypter im Wahlalter als Wähler haben registrieren lassen, betrug die Beteiligung in Wirklichkeit nur 25% der Erwachsenen im Wahlalter. Darüberhinaus war die Beteiligung auch bei früheren Wahlen gerade dort am schlechtesten, wo man bei einer sich frisch entfaltenden Demokratie die höchste Mobilisierung der Wähler erwarten sollte: in jenen Wohnvierteln der großen Städte, in denen die meisten Angehörigen der Mittel- und Oberschichten wohnen. Wie wenig gerade die sozialen Schichten, die das Regime tragen und denen die Politik des Regimes am meisten zugute kommt, der Demokratisierung zu trauen scheinen, zeigt ihre Wahlbeteiligung um 20% – de facto also nur 10% der Erwachsenen im Wahlalter.

9. Muslime und Kopten – die entzweiten Kinder des Einen Gottes

Die Arabische Republik Ägypten soll ein „demokratischer, sozialistischer Staat" sein, in dem der Islam die Staatsreligion ist und die „Prinzipien der Scharia", des islamischen Gesetzes, „die Hauptquelle der Gesetzgebung" sind. So zumindest bestimmen es die beiden ersten Artikel der Verfassung, in denen sich eine Grundspannung ausdrückt, in der sich ägyptische Politik heute bewegt. Der Wunsch, in einem demokratischen System mit einer gerechteren Wirtschafts- und Sozialordnung zu leben, und der Wunsch, nach den Normen einer islamischen Gesellschaft zu leben, schließen sich zwar nicht prinzipiell aus; in den Debatten um die Lösung von Ägyptens Problemen sind daraus jedoch klare politische Gegenpositionen geworden: Auf der einen Seite wird ein säkularer Staat gefordert, in dem islamische Vorschriften zwar als ethische Grundnormen gelten sollen, Religion und Politik aber getrennt sind. Auf der anderen Seite versuchen religiöse Eiferer mit wachsendem Erfolg – seit 1984 sogar in größerer Zahl als Mitglieder des Parlaments – ihre sozialen, wirtschaftlichen und politischen Vorstellungen durchzusetzen.

Politische Forderungen religiöser Eiferer – beispielsweise die Forderung, anstelle des geltenden säkularen Strafrechts wieder die strengen Strafen der Scharia einzuführen – sind im Westen ebenso als Zeichen eines religiösen Erwachens gedeutet worden wie sichtbare Veränderungen im Straßenbild der Städte, wo Frauen mit ihrer Kleidung und Männer mit gestutztem Vollbart Frömmigkeit zur Schau tragen. Weniger wahrgenommen wurde im Westen, daß das religiöse Erwachen der letzten beiden Jahrzehnte nicht auf Muslime beschränkt geblieben ist, sondern auch Ägyptens Kopten, die größte christliche Gemeinschaft im Vorderen Orient, erfaßt hat.

Von den arabischen Wörtern, die auch im Deutschen gebraucht werden, ist „*Allah*“ zweifellos das bedeutungsvollste. Bald jedes Kind weiß, daß unsere türkischen Mitbürger zu *Allah* beten. Doch kaum jemand macht sich klar, daß in Ägypten auch die Christen zu *Allah* beten – denn *Allah* ist nicht der Name eines fremden Gottes, sondern das arabische Wort für den Einen Gott: den Gott Abrahams, Jesu Christi und Mohammeds.

Propheten und Gläubige einer später gekommenen Religion mögen vorgefundene religiöse Traditionen als Teil der eigenen Geschichte interpretieren und damit anerkennen. Umgekehrt ist das erheblich schwieriger: So wie die Juden in Christus nicht den Messias sehen wollten, konnte es für die Christen nach dem Messias keinen neuen Boten Gottes geben. Dies hat uns in Europa für mehr als ein Jahrtausend das Verständnis für den Islam und die Verständigung mit den Muslimen versperrt.

Die feindselige Haltung der Kirche, die in Mohammed den „Antichrist“ und in den Muslimen dessen Heerscharen bekämpfte, gehört zwar längst der Geschichte an. Dennoch findet man auch heute noch Autoren, die den Islam abzuwerten versuchen, indem sie Mohammed als „Kameltreiber“ bezeichnen, der eine „unklare Abstammung“ habe und einen „Gott Allah“ anbete. Dabei sagt weder Mohammeds Herkunft, noch sein ursprünglicher Beruf irgendetwas Wichtiges über seine Offenbarung aus. Im Gegenteil: Uns dem Islam aus einer solchen Perspektive nähern zu wollen, würde dem nicht minder beleidigenden Versuch gleichkommen, als „Religionsstifter“ des Christentums den „Landstreicher und Wanderprediger“ Jesus zu nennen, dessen „außereheliche Abstammung“ unbestritten sei. Was „Islam“ für einen Gläubigen bedeutet, und was darüber hinaus die islamische Erneuerung, die sog. „Re-Islamisierung“, für das heutige Ägypten bedeutet, können wir als Nichtmuslime nur zu verstehen hoffen, wenn wir uns ein wenig auf den religiösen Kern von Mohammeds Botschaft und die darauf aufbauende Selbstsicht der Muslime einlassen.

Mohammed war bereits ein Mann um die 40, als ihn Visionen und Offenbarungserfahrungen zu quälen begannen, in denen Gott von ihm verlangte, die Botschaft von Gott, dem Barmherzigen, dem Schöpfer und Wohltäter der Menschen, zu verkünden und zugleich vor dem Tag des Gerichts zu warnen, an dem jeder zur Rechenschaft gezogen werde. Von Menschen, die zur Umkehr bereit sind, erwartet Gott – nicht anders als im Christentum – vollständige Hingabe. Das arabische Wort für Hingabe heißt *islam*. Dem, der sich ganz an Gott hingibt, sich Gottes Willen unterwirft, arabisch: dem *muslim*, winkt das Paradies – vorausgesetzt, daß er an die Einheit Gottes glaubt und seine Verpflichtungen erfüllt: täglich mehrfach betet, Almosen gibt, Witwen und Waisen schützt, keine Unzucht treibt und, neben weiteren Einzelpflichten, sich letztlich für die Verbreitung und Verteidigung von Gottes Botschaft abmüht. Dieses „Sich-abmühen auf dem Wege Gottes“, arabisch: *jihad* (Dschihad), kann sich in vorbildlicher Lebensführung zeigen, in Missionstätigkeit oder aber im bewaffneten Kampf – dem „Heiligen Krieg“.

Mohammed war in Mekka aufgrund seiner Herkunft aus einem angesehenen Stamm wie aufgrund seiner Ehe mit einer wohlhabenden Großkauffrau ein geachteter Mann. Wohl nicht zuletzt deshalb ließ man den merkwürdigen Propheten zunächst, wenn auch kopfschüttelnd, gewähren. Allerdings begriffen die führenden Familien bald, daß sich der neue Gott nicht einfach in die polytheistische Kultur des Handels- und Wallfahrtszentrums Mekka integrieren ließ und daß Mohammed mit seinen rigorosen moralischen Forderungen ihre Geschäfte beeinträchtigte. Damit begann für Mohammed und seine ersten Anhänger eine Zeit der Nachstellungen und Auseinandersetzungen, die ihn schließlich zur Auswanderung nach Medina veranlaßten.

Der Auszug aus Mekka, die *hijra* (Hedschra), und die Gründung der Gemeinde in Medina wurden zum politischen und theologischen Wendepunkt für die Muslime. Mohammed hatte zunächst sicher nicht daran gedacht, eine neue Religion zu „stiften“, denn die Botschaft, die er empfangen hatte, konnte nur dieselbe sein, mit der Gott sich den Menschen auch früher schon offenbart hatte. Spätestens in Medina aber, wo auch jüdische Stämme lebten, mußte Mohammed das Verhältnis seiner Gemeinschaft zu Juden und Christen klären, denn einerseits glaubten diese ja – anders als die Götzenanbeter Mekkas – bereits an den Gott der Offenbarung, andererseits weigerten sie sich, Mohammed als Gottgesandten anzuerkennen. Diese Erfahrung zwang Mohammed in theologische und politische Auseinandersetzungen, in deren Verlauf sich die spontane Glaubens*haltung* der Frühzeit allmählich verfestigte zur Religion des Islam, die sich in konkreten Glaubens*inhalten*, in Rechtsregeln und in Institutionen immer deutlicher von den Religionen der Juden und Christen abgrenzte. In diesem Prozeß, der sich über den Tod Mohammeds hinaus fortsetzte, bildete sich allmählich jenes spezifische Welt- und Geschichtsverständnis der Muslime heraus, das noch heute die religiös-politischen Entwicklungen in der islamischen Welt prägt.

Aus verstreuten Stellen im Koran ergibt sich, daß die Menschen Gottes Wort immer wieder vergessen, mißverstanden oder gar verfälscht haben. Doch hatte sich Gott stets erbarmt und die Menschen durch erneute Offenbarung auf den rechten Weg zurückzuführen versucht. Gottes wichtigste Boten in diesem Prozeß waren – nach dem Verständnis des Koran – Abraham, Moses, Jesus und Mohammed: Seit Abraham wissen die Menschen um die Existenz des Einen Gottes; durch Moses kennen sie Gottes Willen in der Form klarer Gebote; Jesus brachte die frohe Botschaft, daß Gottes Wort allen Menschen gilt. Doch das Volk Mose mißverstand die Offenbarung und bezog sie nur auf sich selbst; und die Anhänger Jesu begannen, statt allein auf die Botschaft zu achten, den Boten als Gott zu verehren. Nach muslimischer Auffassung kennen also auch Juden und Christen aus ihren Heiligen Schriften Gottes Wort – allerdings nur in verstümmelter Form. Darum schickte Gott ein letztes Mal seine Botschaft; und damit sie diesmal nicht wieder verloren gehen oder verfälscht werden konnte, wurden die Offenbarungstexte noch zu Lebzeiten Mohammeds aufgeschrieben und nicht lange nach seinem Tod im Koran gesammelt.

Mit der *hijra* – physisch dem Auszug aus Mekka, spirituell dem Auszug aus dem Leben in der Unwahrheit unter falschen Göttern – beginnt eine neue Epoche der Heilsgeschichte: die Gründung der *umma*, der Gemeinschaft der Gläubigen, im Jahr 1 islamischer Zeitrechnung. Die Ordnung der Gemeinde Mohammeds, so wie sie sich als Antwort auf die Offenbarungen herausgebildet hatte, erschien späteren Muslimen als unmittelbarer Ausdruck göttlichen Willens. Entsprechend galten neben den Vorschriften des Koran auch das Handeln und Verhalten (*sunna*) Mohammeds und seiner Gefährten als unübertreffliche Vorbilder für ein gottgefälliges Leben. Generationen von Gelehrten, von *ulama*, bemühten sich deswegen, die Ordnung der ursprünglichen Gemeinde aus Überlieferungen bis ins Detail zu rekonstruieren. Zugleich waren sie bemüht, die immensen rechtlichen und institutionellen Probleme, die sich durch die rasche Ausweitung des muslimischen Herrschaftsbereichs ergaben, so zu lösen, daß ihre Regelungen dem jeweiligen Vorbild in der Urgemeinde möglichst nahe kamen.

Die außerordentliche Anpassungsfähigkeit des Islam an neue Situationen blieb jedoch nicht auf Dauer erhalten: Der Wunsch, in jeder Situation genau zu wissen, was wohl Gottes Wille sei, führte dazu, daß immer detailliertere Rechtsregeln für alle Lebensbereiche ausgearbeitet wurden. Im 4. Jahrhundert nach der Hijra glaubte schließlich ein Teil der Gelehrten, daß nun alles geregelt sei, was überhaupt geregelt werden könne; nur noch fromme Nachahmung der Vorbilder wollten sie gelten lassen. Die andauernde Suche nach dem gottgewollten rechten Weg (*scharia*) hatte sich verfestigt zum Leben unter einem unabänderlichen Gesetz: der *scharia*.

Diese orthodoxe Verengung preßte die Menschen jedoch nicht in das enge Korsett einer Gesetzesreligion, die jeden einzelnen Schritt festzulegen versucht. Die Scharia wurde nämlich nie kodifiziert; auch sicherte die Existenz verschiedener, einander gleichgestellter Rechtsschulen Gelehrten wie Rechtsuchenden weiterhin erhebliche Flexibilität. Darüber hinaus suchten und fanden viele Muslime, deren Bedürfnis nach intensiveren religiösen Erfahrungen der rigide Islam der Gelehrten nicht befriedigen konnte, entsprechende Erfahrungen in mystischen Bruderschaften, den sog. *Sufi*-Orden, oder aber in der alltäglichen Praxis eines lebensnahen Volksislam, in dem sich häufig vorislamische religiöse Elemente mit islamischen zu unterschiedlichsten Formen des (Aber-)Glaubens verbinden. Im ägyptischen Volksislam etwa finden sich vielfältige altägyptische und koptische Spuren.

Mit der Ausarbeitung der Scharia haben die Gelehrten versucht, die Ordnung der Gemeinde Mohammeds bzw. ihr eigenes späteres Bild von dieser Ordnung für alle Zeiten und alle gesellschaftlichen Zusammenhänge zum verbindlichen Modell individuellen und kollektiven Lebens zu machen. Neben diesem an der Vergangenheit orientierten Gesellschaftsmodell gibt es für den Muslim aber auch ein Ziel in der Zukunft. Denn die Erfahrung, daß sich die islamische Gemeinschaft mit der Zeit immer weiter von der vollkommenen Existenz in der Urgemeinde entfernt, findet einen Gegenpol in der Aufbruchsstimmung des Glaubenskriegers, der seinen Beitrag zum Triumph von Wahrheit, Gleichheit und Gerechtigkeit in dieser Welt leisten kann. Bevor am Ende der Zeiten der „Tag des Gerichts" kommt, müssen nach muslimischer Auffassung alle dann Lebenden die Chance gehabt haben, Gottes Botschaft zu hören und nach ihr zu leben. Dies ist nur dort gewährleistet, wo Muslime herrschen, weil nur der Herrscher – bzw. heute der Staat – die Anwendung der Scharia garantieren kann. Die Welt teilt sich darum in den bereits vom Islam geordneten Bereich, *dar al-islam*, und den noch ungeordneten „Bereich des Krieges", *dar al-harb*. Aus dieser Weltsicht lassen sich dann Eroberungskriege theologisch gut als gottgewollter *jihad* begründen.

Ob die Menschen in den eroberten Gebieten den Islam annehmen, ist letzten Endes ihre Sache, denn Zwang in Glaubensdingen darf es nach koranischem Gebot nicht geben. Dies gilt besonders für Juden und Christen, die als Besitzer von Offenbarungsschriften eines Tages ihre Irrtümer erkennen und von Gott auf den rechten Weg zurückgeführt werden könnten. Juden und Christen sind darum auch nicht gemeint, wenn im Koran von den „Ungläubigen" die Rede ist, die zum Islam bekehrt oder aber bekämpft werden sollen. Die Gemeinschaften der Juden und Christen sind zu schützen. Allerdings müssen sie sich der Herrschaft der Muslime beugen und gewisse rechtliche und soziale Benachteiligungen in Kauf nehmen – wozu vor allem gehört, daß sie für ihren Schutz eine besondere Schutzsteuer bezahlen müssen, die sich nach der Zahl der Gemeindemitglieder richtet und deswegen häufig als „Kopfsteuer“ bezeichnet wird.

Nicht immer waren die Muslime im politischen Alltag so tolerant, wie es ihnen ihre Religion vorschreibt. Einem Vergleich mit den Christen Europas halten sie in diesem Punkt allerdings jederzeit stand: In Spanien etwa lebten nach Jahrhunderten muslimischer Herrschaft in jeder Stadt große, oft blühende christliche und jüdische Gemeinden, bald nach der christlichen Rückeroberung jedoch nirgends mehr Muslime oder Juden. In Ägypten ist sogar nach über 1300 Jahren muslimischer Herrschaft die koptische Kirche noch aktiv und lebendig.

Die älteste Kirche der Christenheit

Obwohl seit langem eine Minderheit in ihrem Land, sind die Kopten in doppelter Weise stolz auf ihre Vergangenheit: als Ägypter wie als Christen. Schon ihr Name weist sie als direkte Nachfahren der alten Ägypter aus, denn *al-qibt*, die „Kopten“, ist nichts anderes als die arabisierte Form des altgriechischen Wortes *aigyptoi*, „die Ägypter“. Griechisch war denn auch die Sprache der Byzantiner, die das Land beherrschten, ehe 639–42 arabische Eroberer Ägypten unter muslimische Herrschaft brachten. Damals begrüßten viele der christlichen Einwohner die neuen muslimischen Herrscher als Befreier, weil die ägyptische, bzw. wie wir heute sagen: „koptische“, Kirche von Byzanz als häretisch angesehen wurde und deswegen seit längerem brutal unterdrückt worden war.

Die Christianisierung Ägyptens geht auf den Evangelisten Markus zurück, der nach der Legende auch in Ägypten gestorben ist und in einer Kirche in Alexandria beigesetzt war – bis seine Gebeine im Jahr 827 von venezianischen Kaufleuten aus dem Land geschmuggelt wurden. Als heiligste Reliquie der „Markus-Stadt" Venedig ruhen sie seitdem im Markus-Dom – falls sie nicht 1968 anläßlich der Eröffnung der neuen Markus-Kathedrale in Kairo auf Geheiß von Papst Paul VI. insgeheim der koptischen Kirche zurückgegeben worden sind. Wie dem auch sei, verehrt wird Markus an beiden Orten; und als Nachfolger von Markus sehen sich die koptischen Patriarchen bis heute in einer ebenso ungebrochenen Tradition wie die katholischen Päpste als Nachfolger Petri: Der 1971 gewählte Schenuda III. ist bereits der 117. Patriarch seiner Kirche.

Ägypten war ein Mittelpunkt der frühen Christenheit: Hier gab es eher eine christliche Bevölkerungsmehrheit als in irgend einem anderen Land; hier lebten und lehrten berühmte Kirchenväter wie Clemens von Alexandrien und Origines Adamantios; und hier entstand im 3. Jh. das Mönchstum, als sich aus den Einsiedlergemeinden der Heiligen Paulus und Antonius, die jahrzehntelang unweit vom Roten Meer als Eremiten in der Wüste gelebt hatten, die ersten Klöster entwickelten.

Im Jahr 451, auf dem Konzil von Chalkedon, trennte sich die ägyptische Kirche von der orthodoxen Reichskirche. Viel deutet darauf hin, daß vor allem politische Gründe zum Bruch mit Byzanz führten. Ausgedrückt haben sich die Differenzen jedoch im dogmatischen Streit darüber, ob Christus neben einer göttlichen zugleich eine menschliche Natur hatte oder ob in ihm, wie es die „Monophysiten" lehren, nur die eine Natur des fleischgewordenen Wortes Gottes sei. Die in diesem Streit unterlegenen Monophysiten Ägyptens, Syriens (Jakobiten) und Armeniens wurden danach von Byzanz bitter verfolgt.

Die arabische Eroberung beendete zunächst die religiös-politische Unterdrückung. Die neuen Herren waren an Übertritten zum Islam weniger interessiert als am Steueraufkommen der eroberten Gebiete, einschließlich der oben erwähnten „Schutzsteuer". So blieben die vorhandenen wirtschaftlichen, sozialen und rechtlichen Strukturen, insbesondere auch der Verwaltungsapparat, weitgehend intakt. Kopten wurden aufgrund ihrer Erfahrung die Hauptstützen der Verwaltung; gemeinsam mit Juden kontrollierten sie jahrhundertelang zudem das Finanzwesen.

Andererseits wurden im Lauf der ersten Jahrhunderte islamischer Herrschaft jene Rechtsregeln weiter ausgearbeitet, die neben der religiösen die soziale Trennung der Gemeinschaften vertieften und Christen und Juden auch äußerlich den Muslimen unterwarfen. Solche Regeln wurden oft lange Zeit nicht beachtet, konnten aber bei Bedarf aktiviert bzw. noch verschärft werden: Nicht-Muslime durften ihre Religion nicht öffentlich praktizieren und keine Waffen tragen; bisweilen durften Kirchen und Synagogen weder gebaut noch instandgesetzt werden; und in Zeiten abnehmender Toleranz wurden Christen und Juden gezwungen, auffällige Kleidungsstücke und Holzkreuze bzw. Glöckchen zu tragen und sich mit Eseln als Reittieren zu bescheiden.

Neben langen Perioden großer Toleranz, etwa unter der Herrschaft der Fatimiden und der Aiyubiden im 10.–13. Jh., gab es Phasen der Intoleranz, der Unterdrückung und selbst von Zwangsbekehrungen – etwa unter dem fanatischen Fatimiden-Kalifen al-Hakim (996–1021) oder unter der Herrschaft der Mamluken im 13. und frühen 14. Jahrhundert. Letztlich waren es aber nicht diese Phasen der Unterdrückung, die die Kopten bereits im 10. Jahrhundert auch zahlenmäßig zu einer Minderheit werden ließen, sondern die sozialen und rechtlichen Benachteiligungen im täglichen Leben, denen man sich durch den Übertritt zum Islam entziehen konnte. Hinzu kam, daß der umgekehrte Weg versperrt war, weil das islamische Recht den Abfall vom Islam mit der Todesstrafe bedroht.

Die Zahl der Kopten im heutigen Ägypten ist ein Politikum: Nach der jüngsten Volkszählung von 1986 gab es unter 49 Mio. Einwohnern knapp 3,1 Mio. Kopten, also weniger als 7 %. Nach Ansicht sehr vieler Kopten sind diese offiziellen Zahlen aber gefälscht, um koptische Ansprüche auf eine höhere Beteiligung am öffentlichen Leben, auf mehr Ministerposten im Kabinett oder auf mehr Kirchenbauten abzuwehren. Sogar hochrangige kirchliche Würdenträger behaupten, der wahre Anteil der Kopten liege bei mindestens 15, wenn nicht gar weit über 20%. Doch diese Schätzungen können nicht stimmen, denn schon bei den ersten Volkszählungen Ende des 19. und Anfang des 20. Jhs. lag der koptische Bevölkerungsanteil nur knapp über 7 % – auch bei den Zählungen durch die britischen Besatzungsmacht, die sich dabei noch dazu auf eine von Kopten dominierte Verwaltung stützte.

Selbst wenn man anerkennt, daß hin und wieder Volkszähler ihre Daten zugunsten der Muslime „schönen“ mögen, erklärt das keine derartige Abweichung. Möglicherweise entstanden die Zahlen in einer Hotelbar beim Austausch von Informationen, als einer von „7 Prozent“ sprach, und der andere behielt: „7 Millionen“ – und das waren dann plötzlich jene 15–20%. (Manchmal geht dies Spiel sogar noch weiter, und man hört, es seien 15–20 Millionen Kopten!) Auf jeden Fall tauchte die Zahl in den 70er Jahren in westlichen Medien auf, wurde von einer militanten Kopten-Organisation in den USA aufgegriffen und schließlich von US-Präsident Carter hoffähig gemacht, als er Papst Schenuda als Oberhaupt von 7 Millionen ägyptischen Kopten begrüßte.

Wichtig für den hiesigen Zusammenhang ist, daß Kopten, die der Regierung die Fälschung von Statistiken vorwerfen, damit ihr Gefühl ausdrücken, diskriminiert zu werden. Dieses Gefühl haben Mitglieder der koptischen Eliten immer wieder geäußert, seit ihnen einerseits der Säkularisierungsprozeß im späten 19. und frühen 20. Jahrhundert gleiche Bürgerrechte zu versprechen schien, andererseits aber in der beginnenden Nationalbewegung und insbesondere in deren Konfrontation mit der britischen Besatzungsmacht immer wieder anti-koptische Töne angeschlagen wurden.

Weil sie Christen waren, aber auch wegen ihrer traditionellen Position in der Verwaltung, schienen die Kopten natürliche Bundesgenossen der Briten zu sein. Da half es ihnen wenig, daß sich die Briten keineswegs primär auf Kopten stützten, ja sogar deren Anteil in der Verwaltung deutlich reduzierten. Kopten schienen dem Westen, seinen Produkten und seinen Ideen gegenüber aufgeschlossener. Nur unter Kopten konnten europäische und amerikanische Missionsgesellschaften frei agieren, deren Schulen wiederum Kopten den Zugang zu moderner Bildung und darüber den Aufstieg in die neuen freien Berufe erleichterten.

Die nicht unberechtigte Angst der Kopten vor Ausgrenzung und Diskriminierung erreichte einen Höhepunkt, als im Februar 1910, mitten in einer Phase verstärkter nationalistischer Agitation, der koptische Politiker Butrus Ghali Pascha von einem religiös motivierten Muslim mit der Begründung ermordet wurde, er habe vor den Engländern kapituliert. Ghali Pascha war nacheinander Außenminister, Justizminister und 1908 als erster und bis heute einziger Kopte sogar Premierminister geworden; und in allen Positionen war er für Entscheidungen mitverantwortlich gewesen, die den Widerspruch der Nationalisten herausgefordert hatten: 1899 für die Unterzeichnung eines anglo-ägyptischen Vertrages über den Sudan; 1906 für die drakonische Bestrafung der an einem Zwischenfall mit englischen Offizieren in Dinschawai beteiligten Bauern; 1909 für die Wiedereinführung des äußerst restriktiven Pressegesetzes von 1881.

Die nach der Ermordung Butrus Ghali Paschas gewachsene Gesprächsbereitschaft zwischen führenden Kopten und Muslimen stärkte das Bewußtsein für die Gemeinsamkeiten und schuf so längerfristige Voraussetzungen für eine aktive Rolle von Kopten in der ägyptischen Nationalbewegung und insbesondere in deren führender Partei, dem Wafd.

Die aktive Rolle von Kopten in Wirtschaft und Politik Ägyptens bis zur Revolution von 1952 und, mit gewissen Einschränkungen, wieder seit der Öffnungspolitik Sadats wurde dadurch erleichtert, daß sich Kopten und Muslime im Prozeß des gesellschaftlichen Wandels im 20. Jahrhundert mehr und mehr anglichen und sich sozial eigentlich nur da unterscheiden, wo die Religion das konkrete Verhalten bestimmt – etwa aufgrund ihrer unterschiedlichen Auffassungen über Ehe und Scheidung. Auf dem Lande, insbesondere in Mittelägypten, wo die meisten Kopten leben, war das Sozialverhalten schon seit langem von gemeinsamen örtlichen Sitten und Gebräuchen bis hin zur Abschließung der Frauen, zur Mädchenbeschneidung und zu gleichen Hochzeits- und Beerdigungszeremonien geprägt – ganz unabhängig davon, ob der einzelne zum Beten in eine Kirche oder in eine Moschee ging.

In den Städten verschwanden die Unterschiede mit der Ausbreitung des modernen Bildungswesens und mit beruflicher Mobilität, obwohl aus religiösen Gründen bestimmte Berufe für Muslime wenig attraktiv sind und andere für Kopten de facto verschlossen blieben: Ein Beispiel für erstere sind am untersten Ende der sozialen Skala die *zabbalin*, die privaten Müllsammler in Kairo, die mit verwertbaren Abfällen Schweine aufziehen, deren Fleisch ja dem Muslim verboten ist. Weitgehend verschlossene berufliche Positionen sind vor allem solche, in denen Nicht-Muslime Hoheitsfunktionen über Muslime ausüben würden: Bürgermeister, Gouverneure, Polizeichefs u.dgl.

Nicht immer ist die konkrete Benachteiligung Ausdruck einer bewußten Diskriminierung. So hatten die Kopten in der Nasser-Zeit oft Grund zu Klagen, obwohl sie nicht zu den erklärten Feinden des Regimes gehörten: Da Kopten im Offizierskorps unterrepräsentiert waren, fehlten sie unter den Freien Offizieren, die die Macht eroberten, und hatten wenig Zugang zu den neuen Klientelnetzen, mit denen die Offiziere ihre Macht sicherten. Da zudem viele Kopten ihr Vermögen in Grundbesitz angelegt und da prozentual mehr Kopten als Muslime im industriellen Sektor der Wirtschaft investiert hatten, waren Kopten in besonderem Maße von der Landreform und den Nationalisierungen der Wirtschaft betroffen. Da Nasser zudem seine Entwicklungsstrategie nach innen und vor allem auch nach außen durch einen militanten Panarabismus abzusichern suchte, wurden eher die islamisch-arabischen Elemente der ägyptischen Gesellschaft und Geschichte betont als etwa die „pharaonischen", die in den 20er Jahren eine gemeinsame Plattform für Kopten und Muslime hatten abgeben sollen. Diese objektiven Benachteiligungen konnten persönliche Gesten Nassers – wie die Ernennung von koptischen Ministern oder die Beteiligung am Bau der Markus-Kathedrale in Kairo, der damals größten Kirche auf dem afrikanischen Kontinent – nicht ausgleichen. Immerhin ist es in der Nasser-Zeit, wohl wegen des säkularen Charakters des Regimes, das sich nach Nassers „Nationalcharta" von 1962 nicht einer spezifischen, sondern ganz allgemein den „göttlichen Religionen" verpflichtet fühlte, nicht zu Zusammenstößen zwischen Muslimen und Christen gekommen.

Die ambivalente Stellung von Christen in einem Staat, der zugleich säkular und islamisch geprägt ist, wird am prominentesten koptischen Minister in allen ägyptischen Kabinetten seit Beginn der Sadatschen Öffnungspolitik deutlich: Butrus Butrus Ghali, Enkel des 1910 ermordeten Butrus Ghali Pascha, war maßgeblich an den Camp David-Verhandlungen beteiligt und hat, während der Premierminister formell auch Außenminister war, als Staatsminister im Außenministerium mehrere Jahre die Funktionen eines ägyptischen Außenministers wahrgenommen. Inzwischen (1991) ist Staatsminister Butrus Ghali das dienstälteste Kabinettsmitglied; und dennoch kann er wohl nie formell Außenminister werden, denn wie sollte ein Christ ein islamisches Land etwa beim regelmäßigen Außenministertreffen der Organisation der Islamischen Konferenz vertreten können?

Aller sozialen Angleichung zum Trotz blieben die Kopten eine distinkte Minderheit, auch da, wo der einzelne weder an einem christlichen Namen, noch an einem auf das Handgelenk tätowierten koptischen Kreuz unmittelbar als Christ zu erkennen ist. Unterschwellige wie offen aggressive Ausgrenzung seitens der Muslime findet dabei einen Gegenpol im ständig wachen Bewußtsein vieler Kopten, eine diskriminierte Minderheit zu sein, was wiederum zur Selbstausgrenzung führt.

Die Beschränkung beruflicher Aufstiegs- und politischer Partizipationsmöglichkeiten in der Nasser-Zeit verstärkte unter vielen Kopten, nicht zuletzt unter den städtischen Gebildeten, die Rückbesinnung auf die eigene Gruppe und ihre Traditionen: Gottesdienst und Sonntagsschulen wurden Mittelpunkt eines erneuerten intensiven Gemeindelebens. Selbst die überalterten, im wahrsten Sinn des Wortes vom Aussterben bedrohten Klostergemeinschaften fanden plötzlich solchen Zulauf, daß lange Wartelisten geführt und in einzelnen Klöstern neue Trakte angebaut werden mußten. Ägyptens Kopten reagierten damit noch vor den Muslimen mit einer Wiederbelebung des religiösen Lebens auf eine Krisensituation.

Eine Viertel Million Menschen nahm an den Feierlichkeiten teil, mit denen im April 1969 einer Marienerscheinung gedacht wurde, die im Jahr zuvor Zehntausende von Ägyptern, Kopten wie Muslime, über dem Dach einer Kirche in der Altstadt von Kairo beobachtet hatten. Diese und andere Marienerscheinungen im Jahr nach der Niederlage der ägyptischen Armee im Sechs-Tage-Krieg 1967 gegen Israel drückten mehr als alles andere die intensive Religiosität aus, mit der große Teile der Bevölkerung versuchten, die nationale Katastrophe zu verarbeiten.

Die heilige Maria – wie ihr altägyptisches Vorbild Isis in der Volksreligion von Kopten wie Muslimen gleichermaßen verehrt – schien den Menschen Trost spenden zu wollen, hatten doch beide Religionsgemeinschaften die ihnen heilige Stadt Jerusalem an Israel verloren. Von fundamentalistischen Muslimen wurde die Niederlage später dahingehend interpretiert, daß Israel diesen Krieg gewonnen habe, weil die Juden ihre religiösen Gebote besser befolgt hätten, während das sozialistische Regime in Ägypten die Scharia nicht beachtet und noch dazu seine muslimischen Kritiker verfolgt und unterdrückt hatte. Die Niederlage schien ein Zeichen Gottes, der den Gläubigen erst nach ihrer Rückkehr zur gottgewollten Ordnung wieder den Sieg verleihen würde.

Die katastrophale Niederlage erschütterte nicht nur das Vertrauen in die Leistungsfähigkeit des Militärs, sondern stellte die Legitimität des wirtschaftlichen und politischen Systems insgesamt in Frage. Wachsende wirtschaftliche Schwierigkeiten und zunehmende politische Repression hatten seit Jahren Zweifel am nasseristischen Entwicklungsmodell genährt. In der tiefen Krise nach der Niederlage wurde nun nur zu deutlich, daß der „Arabische Sozialismus“ weder die materiellen Grundbedürfnisse der Menschen ausreichend hatte befriedigen können, noch das Bedürfnis nach Sinn. Die Suche nach Trost und neuem Sinn blieb darum nicht auf jene Gläubigen beschränkt, die Moscheen und Kirchen füllten. Auch viele Intellektuelle waren enttäuscht, daß Ägypten mit all den vom Westen importierten liberalen, nationalistischen und sozialistischen Ideologien und den entsprechenden wirtschaftlichen und politischen Systemen seine Unterentwicklung nicht hatte überwinden können. Bei diesen Intellektuellen führte die Enttäuschung zur Suche nach eigenen Antworten und nach Quellen neuer Stärke in der eigenen Geschichte und Tradition. Selbst Nasser und besonders sein Nachfolger Sadat wollten der Religion, bzw. konkret dem Islam, einen neuen Stellenwert in Politik und Gesellschaft einräumen.

Schon in der Hochphase des „Arabischen Sozialismus" hatte der Islam wichtige legitimatorische Funktionen erfüllen sollen. Nasser wußte nur zu gut, daß er mit dem fremden Vokabular der offiziellen Ideologie große Teile der Bevölkerung nicht erreichen konnte. Darum versuchte er, den Islam als zusätzliche Legitimitätsquelle zu erschließen, indem er bei seinen öffentlichen Auftritten Ziele des „Arabischen Sozialismus" mit Grundprinzipien des Islam identifizierte, insbesondere die von ihm erstrebte soziale Gerechtigkeit mit den islamischen Geboten der Gerechtigkeit und Mildtätigkeit.

Nasser benutzte den Islam nicht nur, um die Bevölkerung für seine sozialpolitischen Ziele zu mobilisieren, sondern auch, um sie zu kontrollieren. Bereits kurz nach der Revolution waren der ehrwürdigen Azhar-Universität, dem bedeutendsten Zentrum islamischer Gelehrsamkeit in der Welt, die Predigtthemen für den Freitagsgottesdienst in allen Moscheen des Landes vorgeschrieben worden. Die vom Regime 1961 per Gesetz durchgeführte Reform, bei der die Azhar dem Präsidialamt untergeordnet wurde, kam dann praktisch einer Verstaatlichung gleich. Zumindest fiel es der Regierung danach noch leichter, von den *ulama* die gewünschten Rechtsgutachten zu erhalten, in denen Gesetze, Verträge und andere staatliche Maßnahmen für vereinbar mit dem Islam erklärt wurden.

Die Azhar erhielt auf der anderen Seite wieder mehr Funktionen, vor allem wurde die Universität um neue Fakultäten für Medizin, Natur- und Ingenieurwissenschaften erheblich erweitert und den anderen Universitäten praktisch gleichgestellt. Dennoch hat die Anpassung an die Wünsche des Regimes dem

Abb.9: Im Gebetsraum der Azhar-Moschee unterrichtet ein blinder Gelehrter seine Studenten. Die von Kairos Stadtgründer Gohar erbaute Moschee ist zugleich die älteste islamische Universität.

Ruf der Azhar und ihrer Gelehrten schwer geschadet: „Die Azhar ist ein Betrieb des öffentlichen Sektors!", spottete der Volksmund. Eine neue Rolle des Islam in Politik und Gesellschaft, wie vor allem Sadat sie wollte, konnte darum nicht allein von der Azhar ausgehen, sondern mußte sich an den Gefühlen der Menschen orientieren, deren Religiosität eher vom Islam der Sufi-Orden, vom Volksislam und seinen Festen und vom Islam der frommen Leute in der Nachbarschaft geprägt war.

Dies wurde zur Chance der Muslimbruderschaft, einer 1928 von dem Volksschullehrer Hassan al-Banna gegründeten Laienbewegung, die eine Erneuerung von Politik und Gesellschaft aus dem Geist des Koran anstrebt. Mit vielen anderen religiös-politischen Bewegungen, wie sie heute in allen islamischen Ländern aktiv sind, hat die Muslimbruderschaft gemeinsam, daß sie die Trennung von Religion und Politik grundsätzlich ablehnt und dementsprechend einen „islamischen Staat" fordert, in dem die Scharia die Grundlage des Rechts- und Gesellschaftssystems bildet. Im Unterschied zu den traditionellen Gelehrten politisieren diese Bewegungen den Islam, den sie als allumfassende politische Ideologie interpretieren und einsetzen. Wegen dieser Politisierung und Ideologisierung des Islam werden die Anhänger dieser Gruppen als „Islamisten" bezeichnet. Der in Nordafrika bzw. im französischen Sprachraum gebräuchliche Ausdruck „islamische Integristen" bezieht sich auf dasselbe Phänomen, nämlich den Versuch, den religiösen und den politischen Bereich in einen einzigen Begründungszusammenhang zu integrieren.

Bis 1952 war die Muslimbruderschaft in Ägypten zur stärksten außerparlamentarischen Massenbewegung angewachsen. Der Staatsstreich der Freien Offiziere, von denen mehrere, darunter Anwar al-Sadat, eng mit der Muslimbruderschaft verbunden waren, schien dann den ersehnten Weg in einen islamischen Staat zu öffnen. Doch Nasser hatte eine andere Revolution im Sinn und entschied den schon bald unausweichlichen Konflikt entschlossen für sich: Die Organisation wurde verboten und ihre Führungselite ins Gefängnis geworfen. Einige tausend Mitglieder emigrierten nach Europa, in die USA und v.a. in die Golfstaaten, wo viele dieser ersten Generation von „Gastarbeitern" bis Anfang der 70er Jahre ein Vermögen erwarben.

Sadat, der während der ganzen Nasser-Zeit der Verbindungsmann des Regimes zu islamischen Organisationen im In- und Ausland gewesen war, nutzte nach seinem Amtsantritt 1970 die religiös aufgeladene öffentliche Stimmung und seine politischen Verbindungen, um ein Gegengewicht zu seinen Feinden im Machtapparat, aber auch zum Einfluß linker und nasseristischer Kräfte in der Gesellschaft aufzubauen. Die inhaftierten Muslimbrüder wurden nach und nach entlassen; zahlreiche andere kehrten aus dem Ausland zurück und investierten ihre Vermögen im aufblühenden privaten Sektor. Das Verbot der Organisation blieb zwar bestehen, doch wurde geduldet, daß führende Muslimbrüder ihre Vorstellungen wieder publizierten, sehr bald sogar in eigenen Zeitschriften. Vom Regime zunächst aktiv gefördert, entstanden an den Universitäten „Islamische Gemeinschaften", die sich bis 1975 bei den Studentenratswahlen an allen Universitäten mit klaren Mehrheiten durchsetzen konnten. Saudi-Arabien und die anderen konservativen Golfstaaten lohnten den Gesinnungswandel des Regimes mit hohen Krediten und Privatinvestitionen.

Der Liebesfrühling zwischen Sadat und Islamisten war jedoch nur von kurzer Dauer: Die ostentative Frömmigkeit des Präsidenten, der sich Woche für Woche vom Fernsehen beim Freitagsgebet in der Moschee filmen ließ, stand im Widerspruch zu den sozialen Folgen seiner „Öffnungspolitik", die das Land mit westlichen Waren, westlicher Werbung und westlichen Filmen überschwemmte. Während dies der kleinen Schicht von neureichen „fetten Katzen" einen nie gekannten Luxuskonsum ermöglichte, profitierten die meisten Ägypter, insbesondere die aus städtischen Mittelschichten, nur bedingt von dieser Politik, ja, mußten häufig mit realen Einkommenseinbußen fertig werden.

Die daraus resultierenden sozialen Konflikte wurden in erheblichem Umfang in religiösen Formen und Symbolen ausgedrückt: Schleier bzw. Vollbart, mit denen junge Frauen und Männer aus den Mittelschichten in der Öffentlichkeit auftauchten, konnten gleichermaßen Frömmigkeit ausdrücken wie politischen Protest gegen die „amerikanisierte" Gesellschaft mit ihren falschen Werten. Besonders unter Studenten und jungen Akademikern fanden radikale, von der Muslimbruderschaft abgesplitterte islamistische Gruppen eine schnell wachsende Anhängerschaft.

Auch wenn sich Details ihrer Analysen und ihre Strategien unterschieden, waren sich doch all diese Gruppen darin einig, daß Staat und Gesellschaft in einen Zustand der Unwissenheit und des Unglaubens versunken waren. So abgrundtief war für einige dieser Zustand, daß man die Gesellschaft als ungläubig verdammen, aus ihr ausziehen und eine neue, wahre Gemeinschaft der Muslime gründen mußte, die die korrupte Gesellschaft von außen mit Gewalt bekämpft. *Hijra*, Auszug aus der korrupten Gesellschaft, und *jihad*, Heiliger Krieg gegen sie, wurden zu herausragenden Symbolen der radikalen Islamisten.

Zwei dieser Gemeinschaften wurden durch ihre Anschläge weit über Ägypten hinaus bekannt: Mitglieder der ersten hatten u.a. einen ehemaligen Religionsminister entführt und ermordet. Die Polizei nannte nach den Verhören die Gruppe *al-Takfir wa'l-hijra* – das bedeutet: die Gruppe, die die Gesellschaft „des Unglaubens bezichtigt und (aus ihr) auszieht". Mitglieder der zweiten, der *Jihad*-Gruppe, haben 1981 Präsident Sadat ermordet – für sie ein legitimer, ja, gottgefälliger Akt, mit dem sie einen „ungläubigen Herrscher" beseitigt haben, wie es ihr Religionsverständnis verlangte. Nach Ansicht der *Jihad*-Gruppe hatte Sadat den Boden des Islam verlassen, als er mit Israel einen Friedensvertrag abschloß, obwohl Israel mit Palästina immer noch ein Kernland des *dar al-islam* besetzt hielt.

Nicht nur für radikale Islamisten, sondern auch für manch gemäßigten Muslimbruder gehörte Israel, gegen das Ägypten nach ihrem Verständnis nur wenige Jahre zuvor im Oktober-Krieg 1973 noch einen erfolgreichen *jihad* geführt hatte, zu den schlimmsten Widersachern der Rechtgläubigen: Denn zusammen mit Kreuzzüglern, d. h. mit jenen westlichen Mächten, die seit den Kreuzzügen den Kampf gegen den Islam nicht aufgegeben haben, mit Säkularisten und mit Kommunisten gelten ihnen die Juden als die eigentlichen Erzfeinde des Islam. Es sind die radikalen Äußerungen solcher Islamisten, mit denen Panikmacher unter den westlichen Journalisten medienwirksame Zerrbilder des Islam entwerfen konnten. Die Gefahr, die von solchen Radikalen ausgeht, soll hier nicht unterschätzt werden. Nur, für „den" Islam und seine Tradition der Toleranz sind diese Gruppen etwa so repräsentativ wie die deutsche RAF für den Geist der Demokratie.

Mit den Gruppen *al-Takfir wa'l-hijra* und *al-Jihad* war das terroristische Spektrum der radikal-islamistischen Szene in

Ägypten zunächst zerschlagen worden, auch wenn gelegentlich Zellen von Nachfolgeorganisationen ausgehoben wurden – 1989/90 sogar wieder mit steigender Tendenz. Nicht nachgelassen hat damit allerdings die religiös-politisch motivierte Gewalt. Mit zunehmender Radikalisierung des islamistischen Diskurses war bereits Mitte der 70er Jahre jene Eintracht zwischen Muslimen und Kopten zerbrochen, wie sie unter dem Schock der Niederlage bei den Marienerscheinungen noch bestanden hatte. Vor allem in Kairo und den mittelägyptischen Großstädten Minia und Assiut ist es seitdem häufiger zu blutigen Zusammenstößen zwischen Muslimen und Kopten gekommen. Dabei darf nicht verschwiegen werden, daß sich auch radikale koptische Gruppen gebildet hatten, die den Konflikt zwischen den Gemeinschaften mit anheizten; die inzwischen schon fast ritualisierten Übergriffe in den mittelägyptischen Städten gehen jedoch von muslimischen Jugendlichen aus, die nach dem Freitagsgebet in die von Kopten bewohnten Ladenstraßen einfallen.

Neben der Unduldsamkeit religiöser Eiferer, die ihrem Nachbarn – und gelegentlich auch dem ungeliebten Fremden und Touristen – ihre eigene fundamentalistische Weltsicht aufzuzwingen versuchen, und neben den eher spontanen Ausbrüchen von Gewalt gibt es in Ägypten inzwischen aber auch eine voll in das politische System integrierte islamistische Szene, die vor allem aus der Muslimbruderschaft hervorgegangen ist. Auch diese Islamisten vertreten einen politisierten Islam und fordern einen islamischen Staat, in dem die Scharia die Grundlage der Rechts- und Staatsordnung bildet. Auch sie träumen von einer Rückkehr zur Ursprünglichkeit des frühen Islam – allerdings wollen sie um dieses Traumes willen nicht ihre Investitionen gefährden und auf die materiellen Segnungen einer Industriegesellschaft verzichten. Zudem haben die älteren unter ihnen die traumatische Erfahrung der Gefängnisjahre unter Nasser nicht vergessen. Im Gegensatz zu den radikalen Gruppen wollen sie ihre Forderungen darum nur nach den Spielregeln des bestehenden Systems durchsetzen.

Mit dem Slogan „Der Islam ist die Lösung!“ waren die Muslimbrüder in den Wahlkampf gezogen und saßen von 1984 – 1990 im Parlament, seit 1987 sogar als stärkste Gruppe innerhalb der Opposition. Auch bei den Neuwahlen 1990 wären sie wieder als starke Gruppe ins Parlament zurückgekehrt, hätten die Parteien ihres Wahlbündnisses nicht die Wahlen boykottiert (vgl. Kap. 8). Die Muslimbrüder haben vorsichtig taktiert und sind mit ihren ideologischen Zielen im Parlament eher pragmatisch umgegangen. Dennoch ist ihr Einfluß nicht zu unterschätzen: Die Hoffnung, die die Menschen aus ihrer neuerwachten Religiosität ziehen, verbunden mit der weitverbreiteten Ablehnung westlicher Normen und westlicher Einmischungsversuche, zwingt auch die Regierung und die Regierungspartei immer wieder, politische Maßnahmen mit islamischen Prinzipien zu rechtfertigen. Je mehr die Regierenden aber selbst islamisch argumentieren, je mehr Legitimität verleihen sie der islamistischen Opposition.

10. Ägyptens Frauen: Zurück in den Harem?

„Kleider machen Leute" – und Schleier fromme Musliminnen? Zwar mag es befremdlich erscheinen, einen Beitrag über die Situation der ägyptischen Frau ausgerechnet mit „Mode" zu beginnen; wer jedoch weiß, daß der Schleier seinen Siegeszug einst als modisches Statussymbol für Frauen der städtischen Oberschicht angetreten hat, ahnt die Brisanz des Themas. Mehr denn je setzt Frauenmode in Ägypten Zeichen – und sei es für den uninformierten Fremden erst einmal durch die verwirrende Vielfalt der Stile.

Beobachtungen in Kairos Innenstadt: Zwei Studentinnen mit Büchern unter dem Arm überqueren die Straße. Die eine trägt ein weites knöchellanges Kleid aus dunklem Stoff, das die Körperformen völlig verbirgt. Ihre Kopfbedeckung ist halb in die Stirn gezogen und fällt lose über Nacken und Schultern – nur das Gesichtsoval bleibt frei. Diese Form gilt heute als Verschleierung. Die Freundin dagegen stakt auf Stöckelschuhen im knieumspielenden westlichen Kleid einher, das Gesicht geschminkt, der Haarschnitt modisch. – An der Ecke wartet eine junge Getränkeverkäuferin auf Kundschaft. Ihr langes, über der Brust gerüschtes Kleid ist aus billigem, bunt gemusterten Baumwollstoff genäht; das fest um den Kopf gebundene Tuch wird über der Stirn verknotet und läßt den Haaransatz sichtbar. – Ein paar Meter weiter kauert regungslos hinter einem Korb Limonen eine ältere Frau, ganz in einen schwarzen Umhang gehüllt, den sie immer dann ein wenig lüftet, wenn sie sich das Wechselgeld in den Ausschnitt ihres ebenfalls schwarzen Kleides steckt ...

„Who is who ?" Die Art, wie Frauen sich in der Öffentlichkeit zeigen, gibt Auskunft über soziale Schichtung, regionale Herkunft, politisch-religiösen Hintergrund und natürlich auch über individuelle Vorlieben. Der Fremde wird zunächst nur die Extreme eindeutig ausmachen können: die westlich orientierte

„Modernistin" und die an den strengen islamischen Regeln ausgerichtete „Fundamentalistin". Schwieriger schon wird es bei den zahlreichen modischen Spielarten der islamischen Kleidung vom raffiniert geschlitzten Rock über den körperbetonenden taillierten Schnitt bis hin zu kunstvoll gehäkelten Hauben mit nackenbedeckendem Kragen. Und für den Laien kaum einzuordnen mit ihren lokalen Varianten ist die Mode der Unterschicht, wenngleich diese sich am beständigsten zeigt, da die Armut allzu häufigen Wechsel nicht zuläßt.

Frau und Islam

Wer das gesellschaftliche Spannungsfeld verstehen will, in dem sich die Ägypterin bewegt, muß ihren historischen und kulturellen Hintergrund miteinbeziehen. Westliche Beobachterinnen neigen dazu, alles aus ihrer Sicht Negative vorschnell dem Islam anzulasten. Gerechterweise müßten dann auch Jesus und seine Nachfolger als Hauptfeinde der westlichen Frauenbewegung angeprangert werden. Schließlich haben Islam und Christentum gemeinsame Wurzeln, waren beide Religionsstifter Männer, stellten beide den Mann über die Frau, und schließlich nutzten die fast durchwegs männlichen Schriftgelehrten beider Glaubensbekenntnisse Phasen der Intoleranz zu frauenfeindlichen Interpretationen von Gottes Wort.

Umstritten ist, ob der Islam die Position der Frau gestärkt oder geschwächt hat. Jedenfalls scheint Mohammed sie recht zwiespältig erlebt zu haben in einer Zeit des großen sozialen Wandels auf der arabischen Halbinsel, als sich die beduinischen Stammesstrukturen auflösten und sich neue urbane Gesellschaften herausbildeten. In diesem historischen Kontext ist auch die Rolle der Frau neu festgelegt worden, um deren schriftgetreue und doch zeitgemäße Auslegung wieder einmal heftig gestritten wird in der arabischen Welt.

Richtlinie für das Leben der Gläubigen sind die im Koran gesammelten Offenbarungen Gottes an Mohammed, die unzusammenhängend und teilweise widersprüchlich auch die Rolle der Frau umreißen. Gegenüber vorislamischen Zeiten gibt der Koran der Frau insgesamt wohl mehr rechtliche Sicherheit auf Kosten von Freiheit und Selbstbestimmung. So wird der beduinische Brauch verboten, neugeborene Mädchen zu töten. Auch erhält die Frau sowohl das Erbrecht als auch das Besitz- und Verfügungsrecht über individuelles Eigentum, einschließlich des Brautgeldes, und selbst einer vermögenden Frau gegenüber ist der Mann zu standesgemäßem Unterhalt verpflichtet.

Das islamische Familienrecht löste vielfältige Formen der Ehe und des Zusammenlebens ab, in denen sich noch matriarchalische Strukturen wie Matrilinearität und -lokalität, aber auch Polyandrie erhalten hatten. In diesen Beduinengesellschaften war die Frau relativ frei, selbstbewußt und sexuell unabhängig. Ungeachtet ihres Familienstandes war zeitlebens ihr Stamm Bezugspunkt und Garant ihrer sozialen Sicherheit – nicht der Mann. Als sich in der Phase des sozio-ökonomischen Wandels mit dem Niedergang der Stämme das traditionelle Sozialgeflecht aufzulösen begann, spürten Frauen und Kinder als schwächste Glieder der Gesellschaft dies am empfindlichsten.

Zahlreiche islamische Regelungen stellen eine Reaktion auf die widersprüchliche gesellschaftliche Position der Frau jener Zeit dar und stützen sich vor allem auf bereits vorhandene patrilineare Tendenzen, die die Frau der Verantwortlichkeit des Mannes bzw. seines Stammes unterstellten. Nicht zuletzt war damals auch die Polygamie mit bis zu vier Frauen ein Versorgungssystem für die kriegsbedingt wachsende Zahl von Witwen und Waisen. Allerdings wird im Koran die Mehrehe mit der Weisung an die Männer eingeschränkt, alle Frauen gleich und gerecht zu behandeln (4:3). Und die Ergänzung: „Nimmer ist es euch möglich, in (gleicher) Billigkeit gegen eure Weiber zu verfahren“ (4:128) werten moderne Muslime als Plädoyer für die monogame Ehe. Frauen dagegen sind seit jeher zu strikter Monogamie verpflichtet und unterstehen voll der Autorität des Mannes, der sie jederzeit verstoßen kann, während sie nur geringe Chancen haben, sich scheiden zu lassen.

Als Folge ökonomischer Veränderungen und der raschen Verbreitung des Islam haben die Frauen der Arabischen Halbinsel viel von der einstigen Freiheit eingebüßt. Die klassischen Symbole ihrer Unterdrückung – Schleier und Haremsklausur – gehen allerdings auf späteren persischen und byzantinischen Einfluß zurück. Als Ausdruck einer höheren und vornehmen städtischen Lebensweise verbreiteten sie sich schließlich im gesamten islamischen Großreich. Nirgends im Koran wird der Gesichtsschleier gefordert, nur zu insgesamt dezenter Kleidung und zu gesenktem Blick gemahnt. Auch richtet sich das Gebot, zu Hause zu bleiben, ausschließlich an die Frauen des Propheten, deren Sonderstatus außergewöhnliche Strenge verlangte. Die Freiräume, die der Koran der Frau durchaus läßt, wurden von konservativen Rechtsgelehrten schlicht ignoriert. Aufgrund ihrer zunehmend restriktiven Interpretationen prägten Schleier und Ausschluß aus der Öffentlichkeit jahrhundertelang das Leben der islamischen Frau.

Aufbruch der Frauen

Bis weit ins 19. Jahrhundert hinein galt in Ägypten als Leitbild das städtische Ideal einer Frau, die sich nur zweimal über die Schwelle der ehelichen Wohnung bewegt – bei der Hochzeit und nach dem Tod. Natürlich konnten sich die Frauen der unteren sozialen Schichten einen derartigen „Luxus" nie leisten. Landfrauen beispielsweise waren gewohnt, auf dem Feld mitzuarbeiten, und lebten wohl insgesamt freier als ihre Schwestern in der Stadt. Doch waren sie letztlich genauso unterdrückt und vom öffentlichen Leben isoliert, und auch sie bezogen ihre gesellschaftliche Anerkennung in erster Linie aus der Geburt von Söhnen.

Gerade in jenem Jahrhundert wurde Ägypten jedoch durch fundamentale politische und wirtschaftliche Veränderungen erschüttert, die auch für die Frauen nicht folgenlos blieben und letztlich die Frauenbewegung des 20. Jahrhunderts vorbereiteten: Frauen beteiligten sich in Oberägypten bereits zur Zeit Mohammed Alis und seiner ersten Nachfolger an lokalen Protestaktionen gegen deren drakonische Maßnahmen und wanderten für ihren Mut nicht selten ins Gefängnis. Frauen unterstützten im Delta den Orabi-Aufstand. Und immer mehr Frauen aus den städtischen Unterschichten halfen – entgegen ihrer traditionellen Rolle – das karge Familieneinkommen als Textilarbeiterinnen oder im Kleinhandel und Dienstleistungssektor aufzubessern. Anders die Frauen der Mittel- und Oberschicht, die aufgrund der radikalen Trennung von Männer- und Frauenwelt räumlich und geistig isoliert lebten. Langsam nur öffneten sie sich den Reformideen der zweiten Jahrhunderthälfte, und doch begründeten gerade diese Frauen eine emanzipatorische Bewegung, die richtungsweisend wurde für den gesamten arabischen Raum.

Wegbereiter waren allerdings aufgeklärte Männer wie Rifa'a el-Tahtawi (1801–1873), der sich vor allem für die Mädchenbildung einsetzte, oder Mohammed Abduh (1849–1905), der neben allgemeinen gesellschaftlichen Reformen die Gleichheit der Frau und die monogame Ehe forderte. Aus der Gruppe der Abduh-Schüler ging auch Qasim Amin hervor, der Pionier der ägyptischen Frauenbewegung. In seinen 1899 und 1900 erschienenen Büchern „Die Befreiung der Frau“ und „Die neue Frau“ prangerte er die Unterdrückung des weiblichen Geschlechts als unislamische Fehlentwicklung an. Harem und Schleier, Polygamie und gängige Scheidungspraxis lehnte er deshalb rundum ab. Nur die freie und gebildete Frau könnte den gesellschaftlichen Fortschritt fördern und wäre obendrein die bessere Mutter und Ehepartnerin. So revolutionär Amins Forderungen damals auch waren, so orientierten sie sich letztlich doch am traditionellen Bild der Frau, die ihren „natürlichen“ Aufgabenbereich in der Familie besser erfüllen lernen sollte. Trotzdem lösten Amins Thesen einen einmütigen Proteststurm bei islamischen Orthodoxen und vielen Nationalisten aus. Die einen befürchteten den Niedergang der Religion und damit das Ende ihrer Machtposition in Familie und Gesellschaft, die anderen eine weitere raffinierte Strategie des Westens, Ägypten innenpolitisch zu schwächen und dadurch vom Kampf um die nationale Unabhängigkeit abzulenken. Vielfach angefeindet starb Amin 1908, doch seine zu Lebzeiten verkannten Ideen sollten sich in der gesamten arabischen (Frauen-)Welt fortpflanzen.

Als erste herausragende Frau der ägyptischen Emanzipationsbewegung gilt Malak Hifni Nasif, die 1911 in einer berühmten Denkschrift ein umfassendes Programm entwarf, das vor einem Kongreß ägyptischer Nationalisten verlesen wurde – von einem Mann. Darin forderte sie vor allem bessere Bildungschancen für Mädchen, aber auch Reformen im Familienrecht sowie die Einbeziehung der Frau ins öffentliche Leben. Wie Amin zielte auch Nasif darauf ab, Lebensraum und Erfahrungshorizont der Frau zu erweitern – zum Wohle von Familie und Gesellschaft. Auch ihr ging es weniger um die Frau an sich, als um deren soziale Funktion.

In eine neue und sehr viel politischere Phase trat die Frauenbewegung 1918, als sich der Konflikt zwischen der ägyptischen Nationalbewegung und der englischen Protektoratsverwaltung zuspitzte. Auf dem Höhepunkt der landesweiten Unruhen im März 1919 sammelten sich etwa 300 Teilnehmerinnen zur ersten Frauendemonstration der ägyptischen Geschichte und verlangten in einer Protestnote an die ausländischen Botschafter Freiheit und Unabhängigkeit für Ägypten. Schon vorher hatten sie sich in Komitees organisiert, unterstützten auf Versammlungen und in der Presse die nationalistische Wafd-Partei und gründeten schließlich in Kairo den ersten Frauen-Wafd. Ihr Einsatz wurde ihnen allerdings schlecht gedankt: Im neuen Wahlgesetz von 1923 wurde das Frauenwahlrecht nicht einmal erwähnt. Die „Revolution von 1919" markierte zwar einen Wendepunkt in der Frauenbewegung; dennoch blieb diese auch danach zunächst zahlenmäßig klein und auf Frauen der Mittel- und Oberschicht beschränkt. Schließlich waren sie es ja auch, die über genügend Zeit und finanzielle Mittel verfügten, ihre neuen Ideen praktisch umzusetzen!

An jener spektakulären Frauendemonstration nahm auch Hoda Schaarawi teil, die bei ihrem Tod 1947 als die bedeutendste Frauenrechtlerin der arabischen Welt gewürdigt wurde. Schon früh hatte sie den Reichtum ihrer Familie für soziale Zwecke eingesetzt. Durch den Kontakt mit nationalistischen Kreisen politisierte sie sich zunehmend und gründete schließlich 1923 die „Ägyptische Frauenunion", die erste politische und über zwanzig Jahre lang einflußreichste Frauenrechtsorganisation des Landes. Das Programm der Frauenunion reichte weit über frauenspezifische Forderungen hinaus und steckte auch innen- und außenpolitisch, wirtschafts- und sozialpolitisch den Rahmen für die Zukunft ab. Einige Ziele konnten bald erreicht werden wie die gesetzliche Verankerung des Grundschulbesuches für Mädchen, freier Zugang zu höherer Bildung oder die Anhebung des Heiratsalters auf 16; andere wie die Abschaffung der Polygamie stehen bis heute aus.

In jenen Tagen herrschte Aufbruchsstimmung: Eine Delegation reiste zum Internationalen Kongreß für Frauenstimmrecht nach Rom; danach legten Hoda Schaarawi und einige Mitstreiterinnen öffentlich den Schleier ab; 1928 schrieben sich unter heftigstem Protest konservativer Kreise die ersten Studentinnen an der Universität Kairo ein; Frauen organisierten Versammlungen und Demonstrationen, gründeten Diskussionsforen und soziale Institutionen, richteten Petitionen an die Regierung und publizierten ihre Ideen in zahllosen Artikeln im In- und Ausland. Trägerinnen der Bewegung blieben die gebildeten und reichen Frauen, die nur wenig mit ihren Schwestern aus der Unterschicht gemein hatten und in diesen vor allem Objekte ihrer durchaus gut gemeinten karitativen Bemühungen sahen. Kaum Berührungspunkte gab es auch zwischen den Frauen und der in den 40er Jahren erstarkenden Arbeiterbewegung, in der Arbeiterinnen und Ehefrauen von Arbeitern in vielen Krisensituationen aktiv eingriffen, mehrmals die Haftentlassung der Männer erzwangen oder sich an Demonstrationen und Streiks beteiligten.

Als in der Nachkriegszeit die politische, wirtschaftliche und soziale Krise Ägyptens ihrem Höhepunkt zusteuerte, krankte die Frauenunion zunehmend an Orientierungslosigkeit. Bei aller Radikalität ihrer feministischen und nationalistischen Forderungen war sie nämlich – schon allein aufgrund ihrer sozialen Zusammensetzung – mit der herrschenden Elite verbunden und von daher politisch konservativ. Hatte die starke Persönlichkeit Hoda Schaarawis die Organisation noch zusammenhalten können, machte ihr Tod die Schwächen nicht nur der Union, sondern der gesamten Frauenbewegung deutlich. Während die Union sich auf karitative Aktivitäten verlegte, setzte der Verband „Tochter des Nils“ das politische Erbe bis in nachrevolutionäre Zeit hinein fort.

Gut 30 Jahre Kampf waren vergangen, als 1951 etwa tausend Frauen das Parlament besetzten, um die noch immer ausstehende politische und rechtliche Gleichheit einzufordern. „Nieder mit dem Parlament ohne Frauen!“ hieß die Devise, und wenn diese spektakuläre Aktion auch nichts fruchtete, konnte die Frauenbewegung am Vorabend der Revolution doch einige Erfolge aufweisen: Elementarbildung für Mädchen wurde von niemandem mehr ernsthaft abgelehnt, wenngleich Anspruch und Wirklichkeit noch weit auseinanderklafften. Immerhin aber stellten Mädchen damals bereits über 30% der Grundschüler und 8% der Studenten, waren etwa 13% aller Frauen alphabetisiert. Die Öffentlichkeit wurde stückchenweise erobert, der Schleier war kein Thema mehr, und Berufstätigkeit galt nicht länger als Schande. Allerdings waren die Hauptforderungen – vollständige Gleichberechtigung, Monogamie und faire Scheidungsgesetze – durch die unheilige Allianz aus Orthodoxen, Nationalisten und Konservativen unerfüllt geblieben.

Zwischen Familie und Beruf

Im Mai 1985 hob das Verwaltungsgericht das von Präsident Sadat per Dekret erlassene „Gesetz Nr. 44“ aus dem Jahr 1979 auf. Dieses hatte einem muslimischen Ehemann eine Zweitehe nur mit der Zustimmung der ersten Frau erlaubt; andernfalls konnte sie sich scheiden lassen und Unterhalt für sich und die Kinder beanspruchen. Das Gericht begründete seine Entscheidung mit formalen Fehlern bei der Ratifizierung des Gesetzes und mit inhaltlichen Problemen wie dem Widerspruch zur Scharia, dem islamischen Recht, dessen Prinzipien nach der Verfassung die Hauptquelle der Gesetzgebung sind. Daraufhin galt zunächst wieder die alte Regelung aus den Jahren 1920 und 1929, die der Frau nur in Ausnahmefällen gestattet, eine Scheidung zu beantragen. 95% der polygamen Verbindungen werden zwischen Analphabeten oder minimal Gebildeten geschlossen. Die Aufhebung des Gesetzes richtete sich daher vor allem gegen Frauen der Unterschicht, die sich am wenigsten wehren können. Zwar beläuft sich gegenwärtig der Anteil polygamer Ehen nur auf etwa 3,5%, doch mit steigender Tendenz, seit sich in den letzten Jahren Arbeitsmigranten immer häufiger in der Stadt oder im Ausland eine Zweitfrau leisten. Noch 1985 wurde allerdings – diesmal durch das Parlament – ein reformiertes Familienrecht verabschiedet, das den Frauen zwar weniger Rechte einräumt als das Gesetz von 1979, aber immerhin liberaler ist als das alte von 1929.

Langjährige Auseinandersetzungen um das Familienrecht zeigen, daß Frauenpolitik auch im nachrevolutionären Ägypten noch immer ein heißes Eisen ist. Und in der Tat gab es nur wenige Versuche, gezielt geschlechtsspezifische Benachteiligungen abzubauen. Dennoch haben sich durch den allgemeinen gesellschaftlichen Wandel, vor allem in der Nasser-Zeit, die Rahmenbedingungen für die Frau verbessert: Ein wichtiges Ziel jahrelangen Kampfes war erreicht, als endlich in der Verfassung von 1956 die Geschlechter prinzipiell gleichgestellt wurden. Am deutlichsten allerdings wurde die Gleichheit von Mann und Frau 1962 in der „Charta der nationalen Aktion" formuliert, die die „totale Revolution" der ägyptischen Gesellschaft einleiten sollte. Wichtige Prinzipien der Charta gingen in die Verfassung von 1971 ein, die zugleich aber den islamischen Charakter der Gesellschaft betont (vgl. Kap. 8). Deshalb obliegt es dem Staat, die gesellschaftlichen Aktivitäten der Frau in einer Weise zu regeln, die weder familiäre Pflichten noch islamische Gesetze verletzt. Dies bedeutet aber, daß im Gegensatz zu den Rechten des Mannes jene der Frau nur eingeschränkt gelten und Rollenkonflikte geradezu vorprogrammiert sind.

Seit 1956 sind Frauen alle politischen Rechte zuerkannt, und ein Jahr später zogen die beiden ersten weiblichen Abgeordneten ins Parlament ein. Die anfänglich geringe Wahlbeteiligung von Frauen steigerte sich rasch, stagnierte jedoch dann auf niedrigem Niveau, da für Frauen bis heute keine Wahlpflicht besteht. Besonders in den 60er Jahren war die Führung des Landes ernsthaft bemüht, Frauen politisch zu mobilisieren und in den gesellschaftlichen Entwicklungsprozeß einzubinden. Der Versuch, innerhalb der Arabischen Sozialistischen Union (ASU) eine Frauenorganisation zu gründen, gelang allerdings erst 1975 zu einer Zeit, als sich die ASU bereits aufzulösen begann. 1979 wurden 30 zusätzliche Parlamentssitze eingerichtet, die ausschließlich Frauen vorbehalten waren. Doch schon acht Jahre später wurde diese Regelung des Wahlgesetzes unter dem Druck islamischer Kräfte wieder abgeschafft, obwohl – oder gerade weil? – nach einer Untersuchung die damals etwa 40 weiblichen Abgeordneten ihre männlichen Kollegen an Bildung, beruflicher Erfahrung und politischer Aktivität übertrafen. Ihr Ziel in der Frauenpolitik, wenigstens den Status quo zu erhalten und bloß nicht fundamentalistische Positionen herauszufordern, haben sie ganz offensichtlich verfehlt.

Seit den Anfängen der Frauenbewegung war „Bildung" das Schlüsselwort für die Emanzipation der Frau. Deshalb konnte Nassers grundlegende Bildungsreform – Vereinheitlichung der Schultypen, Abschaffung der Studiengebühren und Förderung der technischen Ausbildung – unter der Devise „Chancengleichheit für alle!" nur hoffnungsfroh stimmen. Doch nicht einmal die ernsthaften Anstrengungen jener Zeit konnten die traditionelle Benachteiligung von Mädchen, besonders von Mädchen aus ländlichen Regionen, aufheben. Zwar profitierten sie durchaus von der neuen Politik, wurden aber selten gezielt gefördert, so daß sie bis heute durch soziale und kulturelle Faktoren an einer den Jungen gleichwertigen Bildung gehindert werden. Dies schlägt sich deutlich in der Analphabetenrate nieder, die bei Frauen immer noch 70%, bei Männern dagegen nur 41% beträgt. Versuche seit den 70er Jahren, durch gezielte Kampagnen den Analphabetismus bei Erwachsenen zu bekämpfen, waren besonders bei Frauen wenig erfolgreich.

Insgesamt stellen Mädchen bei allen Schultypen bis hin zur Universität etwa ein Drittel aller Schüler und Studenten. Während ihnen anfänglich auf der Sekundarstufe nicht alle Ausbildungsbereiche offenstanden und sie überwiegend die ihrer traditionellen Rolle entsprechenden Fächer Handel und Hauswirtschaft belegen mußten, hat sich durch den starken Mangel an Fachkräften inzwischen auch dieses geändert. Wirtschaftliche Notwendigkeiten lassen Frauen zunehmend in Bereiche vordringen, die früher Domäne der Männer waren.

Allerdings zeigt die wachsende Berufstätigkeit von Frauen im heutigen Ägypten nur bedingt den Grad ihrer Emanzipation an. Meist sind es ökonomische Gründe, die sie zur Arbeit zwingen. Zwar ist weibliche Berufstätigkeit seit Jahren schon in der Mittelschicht üblich – nie aber war sie so dringend nötig als zusätzlicher Beitrag zum Familieneinkommen oder zur Wahrung des Lebensstandards. Hauptursachen sind Inflation und seit den 70er Jahren gestiegenes Konsumdenken. Allmählich ist Frauenarbeit selbst in der Unterschicht gesellschaftlich akzeptiert, wo sie bisher immer noch als Zeichen von Armut galt und öffentlich die Rolle des Mannes als Ernährer in Zweifel zog. Deshalb neigten diese Frauen auch stärker zu Gelegenheits- oder Heimarbeiten, die sich gut mit den häuslichen Pflichten vereinbaren ließen und zudem das Ansehen des Mannes wahrten.

Nach offiziellen Statistiken waren 1986 9% der weiblichen Bevölkerung ökonomisch aktiv, was einem Anteil von etwa 15% an den Erwerbspersonen des Landes entspricht. Ihre tatsächliche wirtschaftliche Bedeutung liegt jedoch weit höher, weil die überwiegend unbezahlte Arbeit in der Landwirtschaft sowie jene im informellen Sektor statistisch nicht oder nur ungenügend erfaßt wird. Fast die Hälfte aller erwerbstätigen Frauen arbeitet im Dienstleistungsbereich mit dem Staat als Hauptarbeitgeber. Einen Schwerpunkt bilden die „typischen" Frauenberufe im Erziehungs- und Gesundheitswesen oder in der Verwaltung, aber auch in wachsendem Ausmaß technische Berufe. Stellte zu Beginn der 60er Jahre die Landwirtschaft noch die meisten Arbeitsplätze, ist ihr Anteil heute auf ein Fünftel gesunken. Dagegen hat das verarbeitende Gewerbe – Spinnereien, Webereien, Leder- und Bekleidungsindustrie – sein Stellenangebot für Frauen kontinuierlich erhöht. Hier sind mittlerweile doppelt so viele Arbeiterinnen in Privat- als in Staatsbetrieben beschäftigt.

Die besonders in der Privatwirtschaft problematischen Ar-

Abb.10: Noch immer steigern Söhne das Ansehen einer Frau. Stolz hat diese Mutter von fünf Kindern ihren einzigen Sohn herausgeputzt.

beitsbedingungen machten bereits in den 30er Jahren erste Arbeitsschutzgesetze nötig. Durch Nassers grundlegende Reform, die von Sadat weiter ergänzt wurde, wird die Frau arbeitsrechtlich dem Mann gleichgestellt, wird ihr gleicher Lohn für gleiche Arbeit garantiert und eine Reihe von Sonderrechten zugestanden, die sich auf die Zeit während der Schwangerschaft und nach der Entbindung beziehen. Allerdings werden diese speziellen Rechte nur im öffentlichen Dienst und in Staatsbetrieben respektiert, die ebenfalls dazu neigen, arbeitsrechtliche Komplikationen legal zu umgehen, indem sie bevorzugt Männer einstellen. Die aktuelle Diskussion darüber, ob die Berufstätigkeit von Frauen überhaupt wünschenswert und volkswirtschaftlich sinnvoll sei, verbindet genial die Argumente konservativer Kräfte mit jenen der Beschäftigungspolitiker: Beide sähen Frauen am liebsten zuhause.

Sehr gewandelt als Folge des nachrevolutionären Bildungsbooms hat sich das Bildungsniveau berufstätiger Frauen: Zwei Drittel haben eine Schule besucht, meist sogar über die Elementarstufe hinaus, und etwa 15% können einen Hochschulabschluß vorweisen. Dementsprechend verschoben hat sich auch ihre Altersstruktur: Waren noch 1961 über 50% der berufstätigen Frauen jünger als 20 Jahre, so sind heute zwei Drittel über diesem Alter. Wenn Frauen dennoch überproportional stark im unterbezahlten öffentlichen Dienst vertreten sind, hängt dies zum einen von der staatlichen Arbeitsplatzgarantie für Universitätsabsolventen ab, die auch Frauen begünstigt und sie nicht der Konkurrenz zu Männern aussetzt, zum anderen von der sozialen Sicherheit, die diese Arbeitsplätze bieten. Allerdings entstanden während der Infitah-Politik auch in der Privatwirtschaft und im Tourismus zahlreiche, besonders für gut ausgebildete Frauen interessante Arbeitsmöglichkeiten. In ihren wirtschaftlichen und sozialen Auswirkungen auf Frauen noch wenig erforscht ist die Arbeitsmigration der Ägypter in die Golfregion: Immer mehr Frauen ersetzen in Familie und Beruf die abwesenden Männer oder verdingen sich selbst als Gastarbeiterinnen – als Lehrerinnen, Ärztinnen, Krankenschwestern, aber auch in großer Zahl als Hausgehilfinnen.

Schleier der Emanzipation?

Zweifellos hat sich die gesellschaftliche Position der Ägypterin sehr gewandelt im Laufe des 20. Jahrhunderts. Obwohl gerade in ländlichen Regionen Mädchen und Frauen noch immer stark benachteiligt leben, haben sich viele Träume früher Feministinnen erfüllt. Ägypten wäre ein anderes Land ohne die zahlreichen gebildeten und selbstbewußt in der Öffentlichkeit auftretenden Frauen. Die Retraditionalisierung im islamischen Raum hat jedoch auch in Ägypten die Frauenfrage erneut aufgeworfen. Hitzig diskutieren politische und religiöse Meinungsführer die angemessene Rolle der Frau, und die Frauen selbst sind gespalten in Altfeministinnen und Fundamentalistinnen, Liberale und Religiöse. Überwiegend junge Studentinnen aus den unteren Mittelschichten schlossen sich als erste islamischen Gruppen an. Bedeutete dieser Schritt aber auch die freiwillige Rückkehr zu Traditionen, die früher als frauenfeindlich galten und längst überwunden schienen?

Als Hoda Schaarawi 1923 den Gesichtsschleier ablegte, protestierte sie damit gegen gesellschaftliche Strukturen, die Frauen aus dem öffentlichen Leben ausschlossen und ihnen keinerlei Entwicklungschancen boten. Wenn junge Frauen in den 70er Jahren zunehmend wieder zum Schleier griffen, geschah dies ebenfalls aus Protest – gegen eine Gesellschaft, die der massiven kulturellen Überfremdung durch den Westen nichts entgegensetzte, und gegen wachsende soziale Mißstände, die den bisher praktizierten westlichen Politikmodellen, sozialistischen wie kapitalistischen, angelastet wurden. Aus dieser gesellschaftskritischen Haltung heraus befürworteten viele Frauen die islamische Bewegung als konkrete und der eigenen Kultur angepaßte politische Alternative, die ihnen jedoch auch eine Neudefinition der eigenen Rolle abverlangte.

Schon rein äußerlich durch die islamische Kleidung demonstrieren sie ihre bewußte Abkehr von einem Frauenbild, das eng mit den Fehlentwicklungen der letzten Jahre verbunden ist. Sie bekennen sich zu ihrer islamischen Identität, beabsichtigen aber keinesfalls die freiwillige Rückkehr in den Harem des 19. Jahrhunderts – im Gegenteil! Gerade weil immer mehr Frauen durch Studium und Beruf in der Öffentlichkeit „sichtbar“ wurden, ist eine dezente, respektheischende, eben islamische, Kleidung notwendig geworden. Diesen Zusammenhang spiegelt auch ein gescheiterter Versuch der Muslimbrüder wider, allen berufstätigen Frauen gesetzlich islamische Kleidung vorzuschreiben. Anders als früher steht der Schleier heute nicht mehr für die Absperrung der Frau. So paradox es klingen mag: In der gegenwärtigen politischen Situation fördert er sogar ihre Chancen, eine öffentliche Rolle zu spielen. Ihr Äußeres signalisiert, daß sie islamische Gesetze achtet und umgekehrt angemessenen Respekt erwartet.

Wie in Algerien gegen die französischen Kolonialherren oder im Iran gegen das Schah-Regime stellte der Schleier anfangs auch in Ägypten ein wirksames Symbol des Protestes dar. Dabei nicht zu unterschätzen für die verarmten unteren Mittelschichten waren ökonomische Vorteile durch sinkende Kleidungs- und Friseurkosten bei der zeitlosen islamischen Tracht gegenüber der westlichen Mode mit ihren ständig wechselnden Trends. Die soziale Frustration über verwehrte gesellschaftliche Aufstiegschancen und die Angst vor drohendem Einkommens- und Statusverlust konnten mit der Hinwendung zum Islam im wahrsten Sinne des Wortes „verschleiert“ werden. Mittlerweile ist die islamistische Bewegung jedoch zu einem Machtfaktor geworden und hat eine Eigendynamik entwickelt, die sich zunehmend gegen Frauen richtet. Was anfangs ihrem neuen Selbstverständnis entsprach, entwickelte sich bald zum gesellschaftlichen Druck, der nunmehr islamische Kleidung auch Frauen aufzwingt, die sich mit der damit verbundenen „Botschaft“ gar nicht identifizieren können. Sei es aus Überzeugung oder Anpassung – längst ist islamische Kleidung nicht mehr nur in den unteren Mittelschichten verbreitet, sondern in vielerlei modischen Spielarten auch in besseren Kreisen gesellschaftsfähig geworden. Seit kurzem haben sogar französische Couturiers den expandierenden Markt entdeckt, und spätestens dann hat noch jede „Gegen-Mode“ ihren Protestcharakter verloren.

Die revoltierenden Frauen der 70er Jahre haben mit Schleier und islamischer Kleidung eine Symbolsprache gewählt, die nicht nur mit kultureller Identität, sondern vor allem mit einem traditionellen Frauenbild und den damit verbundenen Rollenerwartungen besetzt ist. Ungewollt ordneten sie sich damit ausgezeichnet in die Strategie jener Kräfte ein, die die Berufstätigkeit von Frauen einschränken und die Familie als Hort der Tradition und als verläßliches soziales Netz stärken wollten. In der allgemeinen Krise scheint allein die Familie verhindern zu können, daß die ägyptische Gesellschaft noch stärker auseinanderfällt, als dies in den letzten Jahren bereits geschehen ist. Trotz seines Wiederauflebens in einer Protestphase ist der Schleier für die Ägypterinnen wieder zu dem geworden, was er ursprünglich war: ein Symbol ihrer Abhängigkeit von patriarchalischen Strukturen.

11. Literatur und Film als Spiegel ihrer Zeit

Literatur ist eine sinnliche und behutsame Form, sich auf ein Land vorzubereiten, vor allem, wenn dieses Land in der sog. Dritten Welt liegt. Weniger individualistisch als bei uns, spiegelt deren Literatur viel stärker die gesellschaftliche Realität wider bzw. ihre Wirkung auf den einzelnen Menschen. Wir lesen von Unabhängigkeitskämpfen und alten Mythen, vom Gegensatz zwischen Stadt und Land, von den Freuden und Leiden der Menschen. Ägyptens Schriftsteller haben die wechselvolle Geschichte ihres Landes nicht als gleichgültige, neutrale Beobachter erlebt. Sie stehen im Spannungsverhältnis von nationalen Strömungen, politischen Ereignissen, persönlichen Erfahrungen, Träumen und Alltagseinerlei und tragen dies in ihre Erzählungen. Nagib Machfus, der Nobelpreisträger für Literatur, ist da keine Ausnahme: Sein Leben und sein Werk sind untrennbar mit Ägypten und den gesellschaftlichen Veränderungen in diesem Jahrhundert verknüpft.

Nicht nur die Literatur, auch der ägyptische Film ist Ausdruck seiner Zeit. Wenn Filmkritiker von seiner „literarischen Mentalität“ sprechen, weist dies auf den starken Einfluß hin, den vor allem die realistische Literatur auf ihn ausgeübt hat.

Auf der Suche nach individueller und nationaler Identität

Bis ins 19. Jahrhundert war die arabische Literatur vor allem von der Poesie geprägt, da sich Drama und Roman erst unter europäischem Einfluß entwickelten. Die Poesie dagegen geht in mündlicher Form bis in vorislamische Zeiten zurück und erreichte ihren Höhepunkt während der Omaiyaden- und Abbasiden-Herrschaft, als Metrik, Rhythmus und Laut sich zu einer wohlklingenden Musik verbanden. Seitdem waren die formalen

Kriterien jener Dichtung zum Dogma erstarrt; und bis ins späte 19. Jahrhundert galt jeder Reformversuch als Bruch mit einer tausendjährigen literarischen Tradition. Anfang dieses Jahrhunderts erlebte die klassische Poesie sogar noch einen neuen Höhepunkt – allerdings nur in der Form, denn die Inhalte hatten sich bereits gewandelt. Getragen vom wachsenden Nationalismus und in einer nostalgischen Sehnsucht nach allem, was einst die Größe Ägyptens und des islamischen Reiches ausmachte, besangen Ahmed Schauki (1869–1932) und Hafiz Ibrahim (1871–1932) die nationale Renaissance.

Ausgerechnet in der ersten Hochphase des ägyptischen Nationalismus öffnete sich die literarische Diskussion zunehmend europäischem Einfluß. Inzwischen war nämlich eine Generation junger Intellektueller herangewachsen, die mit arabischer und europäischer Dichtung gleichermaßen vertraut war und nun nach neuen Wegen suchte. Die Intellektuellen jener Zeit empfanden sich als Wanderer zwischen den Welten: Nach Studienjahren in Europa erlebten sie Ägypten als beschämend rückständig und konnten den inneren Zwiespalt zwischen ihrer verlorenen vertrauten Welt und der ersehnten, aber auch beängstigenden, neuen Welt nicht überwinden. Dieser Konflikt, der in meist autobiographischer Form noch in die Literatur der 40er Jahre einfloß, lieferte auch den Stoff für den 1913 erschienen ersten ägyptischen Roman: In Mohammed Heikals (1888–1956) „Zeinab" studiert der Held Hamid zwar nur in Kairo, findet sich aber trotzdem während der Semesterferien in den strengen gesellschaftlichen Konventionen seines Heimatdorfes nicht mehr zurecht. Weder ist seine moderne Vorstellung von Liebe und Partnerwahl dort anwendbar, noch scheinen diejenigen glücklich zu sein, die sich gewohnheitsmäßig der Tradition beugen, wie die Titelfigur Zeinab, die schließlich an gebrochenem Herzen stirbt. Widerwillig sucht Hamid Rat beim Scheich, dem religiösen Dorfoberhaupt, weiß aber schon vorher, daß dieser ihm nicht mehr helfen kann. Enttäuscht und zugleich hoffnungsvoll kehrt er in seine städtische Welt zurück – nur um begreifen zu müssen, daß er auch da ein Fremder ist.

Wichtigster Vertreter dieser ersten Generation junger Literaten war der in jungen Jahren erblindete Taha Hussain (1889–1973). Als Kritiker, Dichter, Dozent, Politiker und Kulturphilosoph trat er für den westlichen Fortschritt ein und bestimmte bis in die 60er Jahre hinein die literarische Bühne Ägyptens und der gesamten arabischen Welt. In seiner berühmten Autobiographie „Die Tage" schildert er das Leben des blinden Dorfjungen mit all seinen Entbehrungen: Trotz geringer schulischer Vorbildung schafft er den Sprung an die Azhar-Universität, deren traditionell religiöses Lehrprogramm er bald bitter kritisiert. Daraufhin wechselt er an die weltliche Universität über. Thematisch nahm Hussain diesen selbst erlittenen Konflikt zwischen traditionellem und modernem Bildungssystem in seinem ersten Roman „Adib" wieder auf: Unzufrieden mit seinem eingeschränkten Leben in Ägypten schließt sich Adib einer Studienmission nach Paris an, wo er anfangs begierig Wissen und Erfahrungen in sich aufsaugt, sich aber schließlich halt- und heimatlos verliert.

In diesem Punkt trennt sich der Autor von seiner Romanfigur: Taha Hussains Begeisterung für Europa war immer verbunden mit einer tiefen Überzeugung von der zeitüberdauernden Größe Ägyptens. Im Trend jener Jahre rechnete er Ägypten kulturhistorisch nicht mehr nur zum arabischen, sondern auch zum Mittelmeerraum und schlug so die Brücke von der altägyptischen über die hellenistische zur europäischen Kultur. Mit diesem sog. Pharaonismus wurde etwas künstlich ein nationales Selbstbewußtsein geschaffen, das nicht nur vor der europäischen Überlegenheit schützen, sondern auch gegenüber den arabischen Staaten die Besonderheit Ägyptens betonen sollte.

Auch Taufik el-Hakim (1898–1987), ein großer Romancier und zugleich Ägyptens bedeutendster Dramatiker, vertrat damals diese Richtung. In „Die Rückkehr des Geistes" (1927) stellt er romantisierend den ägyptischen Fellachen in die Tradition seiner pharaonischen Vorfahren. Viele historische Romane behandeln aber auch die islamische Vergangenheit, zum einen, um auch sie in die Identitätssuche mit einzubeziehen, zum anderen, um aktuelle Gesellschaftskritik in einen jüngeren historischen Rahmen zu setzen und damit die staatliche Zensur zu umgehen. In el-Hakims vielgelesenem autobiographischen „Staatsanwalt unter Fellachen“ (1937) ist der naiv-romantische Idealismus des ersten Romans allerdings einer realistischen Einschätzung des Landlebens gewichen: Seine Arbeit als Staatsanwalt konfrontiert ihn mit Armut, Krankheit und Unwissenheit, aber auch mit Gewalt und dem Mißtrauen jener, die immer nur ausgebeutet worden sind.

Parallel zum Roman entwickelte sich die Kurzgeschichte, die bis heute die beliebteste literarische Form geblieben ist. Viele Pioniere dieser neuen Gattung erlebten die Dynamik der nationalistischen Bewegung und trugen sie in ihre Geschichten. Die Popularität ihrer Themen – bittere Kritik an der elenden, fremdbestimmten Gegenwart und ein wilder Glaube an eine bessere Zukunft, in der Ägypten den Ägyptern gehört – trug sicher viel dazu bei, daß die neue Literaturform so bereitwillig angenommen wurde. Stärker mit persönlichen Problemen befaßt sich der große Novellist Yahya Hakki (geb. 1906), der die Menschen im Dilemma zwischen Anspruch und Wirklichkeit zeigt, ihre Hoffnungen, Ängste, Anstrengungen, aber auch ihre Enttäuschung nach der Pseudo-Unabhängigkeit von 1936.

Nagib Machfus: Literatur als Sozialkritik

Standen die 30er Jahre schon im Zeichen wachsender politischer und sozialer Frustrationen, verschlimmerte sich die Situation noch während des Zweiten Weltkrieges und danach. Dies äußerte sich ab Mitte der 40er Jahre in einer Flut sozialkritischer Romane, die meist im städtischen Milieu spielten, dem Ort größter Veränderungen. Außer um nationale Unabhängigkeit kämpfte man jetzt auch um soziale Gerechtigkeit.

In jenen Jahren begann das fruchtbare Schaffen von Nagib Machfus (geb. 1911), dem 1988 als erstem arabischen Autor für sein Gesamtwerk aus über fünfzig Romanen, Novellen und Theaterstücken der Nobelpreis für Literatur verliehen worden ist. Machfus, der als „Vater des arabischen Romans“ gilt, wurde über Ägypten hinaus vor allem durch eine Serie realistischer Romane bekannt. Mit scharfem und doch liebevollem Blick zeichnet er darin das Bild des Kleinbürgertums zwischen Armut und Opportunismus, Hoffnungslosigkeit und Gaunertum. Es ist die Welt der kleinen Beamten, Händler, Handwerker und Cafébesitzer. Einige wenige machen ihr Glück, sind korrupt und gewissenlos, andere wiederum scheitern oder landen gar im Gefängnis, und die Mehrheit fügt sich unzufrieden und schicksalsergeben in ein Leben der enttäuschten Hoffnungen. Die aus den Fugen geratene Männerwelt berührt auch die Frauen, die die Frustrationen der Männer und Söhne miterdulden müssen, ihre Töchter zunehmend nach wirtschaftlichen Gesichtspunkten verheiraten oder sie gar in der Prostitution enden sehen. Machfus' Welt ist düster und nur erträglich durch die Flucht ins Vergnügen, in Drogen und Tagträumereien. Nur selten werden die Romanfiguren politisch aktiv. Bestenfalls sind sie Verbalrevolutionäre, die sich in eine intellektuelle Scheinwelt flüchten und hoffnungsvoll auf die nächste Generation blicken.

Drei seiner fünf zwischen 1945 und 1949 entstandenen Romane und die nach Straßennamen benannte Trilogie „Zwischen zwei Schlössern", „Schloß der Sehnsucht" und „Die Zuckerdose" spielen in der Altstadt Kairos, in einem dicht bevölkerten, heruntergekommenen, aber quirligen Viertel mit verwinkelten Gassen, schiefen Häusern, Marktständen, Läden und Werkstätten. Trotz des rapiden Verfalls zeugen noch heute Moscheen und Profanbauten von der mittelalterlichen Pracht. Dort, wo Kairo einst am herrlichsten war, zeigt Machfus es von seiner verkommensten Seite. Der Lauf der Zeit, der Wandel, subtil und radikal, ist sein Leitthema, das er an Orten, Menschen und Verhaltensweisen festmacht.

In der „Midaq Gasse" beschränkt sich Machfus auf das Leben in einer kurzen Sackgasse, deren kleine Welt von denselben Gesetzen regiert wird wie die große. Gleich zu Beginn des Buches wird im schäbigen Kaffeehaus ein Radioapparat installiert, und der alte blinde Sänger muß erschüttert feststellen, daß er nun auch im letzten Café seines Viertels durch moderne Technik ersetzt worden ist. Allmählicher Wandel wie dieser wird von einem stürmischen begleitet, den der Zweite Weltkrieg ausgelöst hat: Steigende Preise, Versorgungsmängel, aber auch neue gut bezahlte Jobs. Leichtfertig verlassen die Söhne die Geschäfte der Alten, um schnelles Geld mit den Engländern zu machen in dem Glauben, daß der Krieg ewig dauere. Auch die schöne Hamida sucht ihr materielles Glück: Nur widerstrebend verlobt sie sich mit dem aufrechten, armen Friseur Abbas. Während dieser in den englischen Lagern das Brautgeld verdient, läßt sie sich dem reichen Kaufmann Selim versprechen. Ein Herzinfarkt macht diesen aber als Ehemann untauglich und Hamida wird von Ibrahim verführt, der sie in Kürze zur begehrten Prostituierten angelernt hat. Als der heimgekehrte Abbas sie in Gesellschaft betrunkener englischer Soldaten findet, wird er bei der Auseinandersetzung mit diesen erschlagen.

Noch vor der Revolution geschrieben, doch erst danach veröffentlicht, wurde die Trilogie, in der er den Lauf der Zeit als Geschichte einer Familie zwischen 1917 und 1944 festhält. Das persönliche Schicksal einzelner Familienmitglieder vermischt sich mit den allgemeinen Veränderungen im Land und den politischen Ereignissen zwischen den beiden Weltkriegen. Am Ende des letzten Bandes läßt Machfus seinen stillen, pessimistischen Helden der zweiten Generation, Kamal, politisch Stellung beziehen: Wie sein Autor sympathisiert er mit sozialistischen Ideen und weist dadurch einen möglichen Ausweg aus der Misere.

Von der politischen Botschaft zur neuen Empfindsamkeit

Nach dem Zweiten Weltkrieg erschütterten zwei Ereignisse den Nahen Osten: die Palästina-Tragödie von 1948 und die ägyptische Revolution von 1952, die sich zum Advokaten der Armen und Unterdrückten machte und den Ägyptern ihr Gefühl der nationalen Würde zurückgab. Von da an erschienen Romantizismus und politische Gleichgültigkeit in der arabischen Literatur als unzeitgemäß; politisches Engagement und gesellschaftliche Verantwortung waren gefordert. Für viele ägyptische Schriftsteller schloß sich die neue literarische Bewegung nahtlos an die sozialkritische Tendenz der voraufgegangenen Jahre an: Literatur nicht mehr um ihrer selbst willen, sondern zum Wohle der Menschen – ein Konzept, das zwar als „sozialistischer Realismus“ etikettiert, von Sozialisten und Nationalisten jedoch gleichermaßen vereinnahmt wurde.

Obwohl in den 50er Jahren sämtliche Literaturgattungen von dieser neuen Strömung beeinflußt wurden, schien speziell das Drama ganz besonders geeignet, politische Ziele zu fördern. Diese Richtung verband sich ideal mit der amtlichen ägyptischen Kulturpolitik, die großzügig Theater, Fernsehübertragungen und Textpublikationen unterstützte. Die vor der Revolution von der Zensur unterdrückte Kritik an den gesellschaftlichen Verhältnissen konnte sich endlich entladen, und das Publikum ließ sich mitreißen von optimistischen Hoffnungen auf eine bessere Zukunft und von nationalistischen Gefühlen, wie sie besonders von der Suez-Krise ausgelöst wurden.

Repräsentativer Romanautor für diese Periode ist Abd el-Rahman el-Scharqawi (1920–1987), der ein ägyptisches Dorf Anfang der 30er Jahre in den Mittelpunkt seines bekanntesten Werkes „Die Erde“ stellt. Die Dorfbewohner wehren sich gegen die Pläne der Behörden, die Wasserzuteilung für die Felder zu kürzen und eine Straße zu bauen, die nur dem reichen Pascha nützt. So einig sie nach außen zusammenhalten, so heterogen und zwiespältig zeigt sich die Dorfgemeinde von innen: Die Helden sind die kleinen Landeigentümer, denn bis heute hängen in ländlichen Gebieten Prestige und Würde eines Mannes von der Größe seiner Felder ab. Der „reichste“ unter ihnen, Abd el-Hadi, besitzt einen einzigen lächerlichen Feddan Land und verkörpert den aufrechten, stolzen ägyptischen Bauern schlechthin. Landlose sind weit weniger vertrauenswürdig, denn für sie gelten ja andere Gesetze. Kein Wunder, daß sie sich während der Auseinandersetzungen dauernd „bewähren“ müssen. Das Dorf führt einen zermürbenden Kampf um seine Rechte, setzt Bürgerprotest, Bauernschläue und Selbstjustiz ein und erringt durchaus kleine Erfolge, wenngleich ihr Hauptanliegen ungelöst bleibt. Die Botschaft des Autors ist jedoch eindeutig: Nur durch solidarisches Verhalten wird es den unterdrückten Klassen gelingen, sich zu befreien.

Auch Jussuf Idris (1927–1991) beschreibt das Elend eines Lebens auf dem Land und spielt mit einem seiner Romantitel „Das Verbotene" auf gesellschaftliche Tabus an, unter denen vor allem Frauen leiden: Junge Mädchen, die lebensfremd aufwachsen, Ehefrauen als ergebene Dienerinnen ihrer Männer, schutzlose Frauen, die aus dem sozialen Raster gefallen sind. Zu letzteren zählt Aziza, die für einen kranken Mann und drei Kinder sorgen muß. Nach einer Vergewaltigung läßt sie sich als Wanderarbeiterin anheuern, um ihre Schwangerschaft zu verbergen und doch Geld zu verdienen. Das Kind, das sie nachts heimlich auf einem Acker gebiert, erstickt sie bei dem Versuch, es am Schreien zu hindern. Während ihrer fiebrigen Krankheit gibt Aziza allmählich die Wahrheit preis, und in überraschender Sympathie für die leidgeprüfte Frau, die immerhin strikte gesellschaftliche Konventionen verletzt hat, überwinden die privilegierten Gutsarbeiter ihre tiefe Abneigung gegen die „minderwertigen" Arbeitsmigranten. Aziza wird bis zu ihrem Tod von beiden Parteien gepflegt als Ausdruck einer neu begründeten Solidarität jenseits von Klassendenken und unsinnigen Konventionen.

Jussuf Idris ist vor allem ein Meister der Kurzgeschichte, die durch ihn wichtige Impulse erhielt. Zunächst entdeckte er die Bauern als Thema, ihre Bräuche und Traditionen, und übernahm ihre Liebe zum weitschweifigen Geschichtenerzählen. Später bezog er seine Themen vor allem aus dem städtischen Milieu, schrieb knapper, lakonischer und dadurch eindringlicher. Fast immer aber waren seine Schriften sozialpolitisch engagiert, behandelten aktuelle Themen von der Korruption bis zur Überbevölkerung.

Schon in den 60er Jahren setzte die Reaktion gegen den sozialistischen Realismus ein. Das allmähliche Unbehagen vieler Literaten hatte mit denselben Ereignissen zu tun, die vor einem Jahrzehnt das politische Engagement ausgelöst hatten. Literarische Solidaritätsbekundungen und propagandistische Zukunftsvisionen wurden jedoch inzwischen weder der Palästina-Frage gerecht noch der ägyptischen Revolution, deren anfänglicher Schwung ziemlich abgeflaut war. Zwar beschäftigten sich

Schriftsteller nach wie vor mit der gesellschaftlichen Realität, aber weniger laut und optimistisch. Auch nahmen sie zunehmend philosophische Überlegungen mit auf und entdeckten das Individuum und seine innere Welt neu.

Nach sieben Jahren des Schweigens meldete sich 1959 auch Nagib Machfus wieder zu Wort. In seinem allegorischen Roman „Die Kinder unseres Viertels", der als Serie in der Tageszeitung el-Ahram, bis heute jedoch nie in Ägypten als Buch erschienen ist und von konservativen wie fortschrittlichen Kräften gleichermaßen angegriffen wurde, wirft er das Problem der Existenz Gottes und der Suche nach sozialer Gerechtigkeit auf: Ein greiser, über irdischen Nöten stehender Gott lebt abgeschieden am Rand der Wüste, gibt jedoch den Menschen Hoffnung durch seine schiere Existenz. Sein politisches Erbe treten verschiedene Propheten an, die unschwer als Moses, Jesus und Mohammed zu erkennen sind, und die jeder auf seine Weise versuchen, Elend und Willkür in der Welt durch eine gerechte Ordnung abzulösen. Nachdem Gott durch den Erkenntnistrieb eines Wissenschaftlers getötet worden ist, sind die Menschen zunächst verzweifelt, klammern sich jedoch an die Hoffnung, daß seine Ideen fortleben und eines Tages das Böse überwunden sein wird.

Machfus hat sein langes Schweigen mit den veränderten gesellschaftlichen Verhältnissen nach der Revolution begründet. Aus „Die Kinder unseres Viertels" aber sprechen eher politische Enttäuschung und Verunsicherung, die er in der Folge auch in den Romanen „Der Dieb und der Hund", „Der Bettler", „Das Hausboot am Nil" oder „Miramar" thematisierte. Im ersten dieser Romane schildert er die Verzweiflungstaten des Diebes Said, der nach der Entlassung aus dem Gefängnis erkennen muß, daß sich seine einzige, väterliche Bezugsperson Raouf vom radikalen Revolutionär zum angepaßten Journalisten entwickelt hat. Said verachtet Raouf, der seine politischen Ideale verkauft hat, und empfindet den Vorschlag, doch ein neues Leben zu beginnen, als Hohn, da er außer Stehlen nichts gelernt und Raouf dies stets als revolutionäre Tat unterstützt hatte. Er fühlt sich ausgestoßen in einer ihm fremden Welt, mit der sich jeder irgendwie arrangiert hat. Aus Rache bestiehlt er Raouf, tötet an Stelle des Verräters versehentlich einen anderen Menschen und erschießt sich schließlich selbst, ausweglos von Polizeihunden auf einem Friedhof umstellt.

Weniger pessimistisch als Machfus, aber trotzdem kritisch beurteilten ein Jahrzehnt nach der Revolution viele Schriftsteller die politische Entwicklung im Land: Jussuf Idris beispielsweise greift die Korruption als nationale Krankheit auf und beschreibt in „Die Schande", wie eine junge Angestellte von ihren männlichen Kollegen und den eigenen wirtschaftlichen Nöten verführt wird, ihr kärgliches Gehalt mit Bestechungsgeldern aufzubessern und wie sich durch diese Tat ihre moralischen Prinzipien insgesamt aufzulösen drohen. Oder el-Scharqawi klagt in „Der Fellache" gesellschaftliche Aufsteiger und selbstherrliche Bürokraten als die neuen Feinde des Bauern an. Insbesondere die „Kinder der Revolution", wie der Schriftsteller Gamal el-Ghitani (geb. 1945) seine Generation nennt, fühlten sich enttäuscht. Sie, die ja überhaupt erst durch das verbesserte Bildungswesen aus ärmeren Schichten sozial aufsteigen konnten, vermochten die wachsende Kluft zwischen Anspruch und Wirklichkeit nicht länger zu übersehen. Die Kritik an Nasser und die allgemeine Sinnkrise erreichten ihren Höhepunkt nach der vernichtenden Niederlage gegen Israel 1967.

Der rapide Wandel, der nach dem Regierungsantritt Sadats, besonders als Folge seiner Öffnungspolitik einsetzte, lieferte bald eine Fülle an neuem literarischen Stoff: Die Verarmung großer Bevölkerungsteile, Arbeitsmigration, Wohnungsnot, Spekulantentum, das aufreibende Leben in Kairo, der Verlust traditioneller sozialer Bezüge ... Die Welt war komplexer geworden, und der Mensch mußte seinen Platz in ihr finden – jeder auf seine Weise. Diese Suche nach persönlicher und politischer Orientierung und der tägliche Kampf ums Überleben schlagen sich in der Literatur der 70er und 80er Jahre nieder. „Neue Empfindsamkeit" wird sie genannt, ein nicht unumstrittener Sammelbegriff für eine Vielfalt von Themen, Stilrichtungen und weltanschaulichen Positionen. Bei aller Verschiedenartigkeit der Erzählungen ist ihnen gemein, daß sie die Betroffenheit der Autoren widerspiegeln. Zeigen die einen ihre Betroffenheit, indem sie die Welt verfremden und sich dadurch scheinbar distanzieren, fließen bei anderen Gefühle und Träume mit ein, durch die innere und äußere Welt miteinander verschmelzen und Raum und Zeit sich auflösen. Auch der Realismus ist wieder aufgelebt, der differenzierter als früher soziale Probleme aufgreift und sich nicht mit vereinfachenden Erklärungsmustern zufrieden gibt. Ibrahim Abd el-Magid, Gamal el-Ghitani, Jussuf Abu Raiya, Fuad Higasi, Jussuf el-Kaid, Yachya el-Tahir Abdallah, Magid Tobia – einige wenige von vielen Namen, die die zeitgenössische ägyptische Literatur prägen, nicht zu vergessen der noch immer produktive Nagib Machfus und, bis zu seinem Tode 1991, Jussuf Idris.

Auch in Ägypten gibt es immer mehr schreibende Frauen. Nur selten allerdings ist ihre Literatur bisher über den arabischen Raum hinausgedrungen. Nawal el-Saadawi und Alifa Rifaat haben dies geschafft. Beide Autorinnen beschäftigen sich mit der Rolle der Frau und der Beziehung zwischen den Geschlechtern, doch beide könnten nicht verschiedener sein von ihrem persönlichen Werdegang und ihrer weltanschaulichen Überzeugung her: Nawal el-Saadawi hat als Ärztin das Leid vieler Frauen erlebt und in zahlreichen Sachpublikationen das Unrecht scharf kritisiert, das an ihnen von Kindheit an begangen wird. Sie betrachtet die Welt mit den Augen einer Feministin. In der Erzählung „Ich spucke auf euch" läßt sie die zum Tode verurteilte Prostituierte Firdaus ihre Lebensgeschichte erzählen, ein erschütternder Bericht von Abhängigkeit und Ausbeutung in einer pervertierten patriarchalischen Gesellschaft – vom Vater über den Onkel und den Ehemann bis zu ihren „Kunden". Rein äußerlich beendet Firdaus diese erniedrigende Situation, indem sie ihren Zuhälter umbringt. Wirklich frei aber wird sie in dieser Gesellschaft erst durch den Tod. Deshalb lehnt sie es beharrlich ab, ein Gnadengesuch an den Präsidenten zu stellen, und geht endlich einen Weg, der sie mit Stolz erfüllt.

Alifa Rifaat dagegen hat keine akademische Bildung und ist sehr traditionsverbunden und religiös. Dies hindert sie jedoch nicht, gesellschaftliche Tabus zu brechen und in ihren Kurzgeschichten unromantisch und äußerst frei über Liebe, Sexualität und Tod zu schreiben. Ohne die Institution der Ehe im geringsten in Frage zu stellen, beklagt sie lieblose Beziehungen und unerfüllte sexuelle Sehnsüchte. Dabei richtet sich ihre Kritik auch gegen frauenfeindliche Interpretationen, die zu Unrecht dem Koran angelastet werden und den Mann von seiner Verantwortung gegenüber der Frau befreien.

Ägyptische Literatur hat es im deutschsprachigen Raum nicht leicht. Die Verleihung des Nobelpreises an Nagib Machfus könnte daher über die Anerkennung seines literarischen Werkes hinaus als Chance genutzt werden, auch anderen ägyptischen Autorinnen und Autoren den Weg zu ebnen. Zynische Kommentare mancher Feuilletonisten zur Entscheidung der Schwedischen Akademie offenbarten nicht nur, daß sie von einem Schriftsteller namens Machfus noch nie gehört hatten und allein deshalb schon seine literarische Qualität anzweifelten. Sie zeigten auch ihre Abneigung, sich auf einen uns fremden und nicht gerade populären Kulturraum einzulassen.

Hollywood am Nil

Dem aufmerksamen Reisenden werden in Kairos Innenstadt die zahllosen Filmplakate nicht entgehen. Während für uns ein Kinobesuch längst zum alltäglichen Vergnügen geworden ist, ist er für die Mehrheit der Ägypter noch immer etwas Besonderes. Wer einmal erlebt hat, wie das Publikum lautstark das Filmgeschehen kommentiert und lachend oder weinend am Schicksal der Helden teilnimmt, wird dies verstehen.

Der ägyptische Film hat Tradition. In den 30er Jahren bereits wurde der Grundstein einer Filmindustrie gelegt, die bis heute den arabischen Raum mit ihren Produktionen versorgt. Kairo wurde das Hollywood am Nil. Beliebteste Genres waren Musikfilme, Komödien und Melodramen aus dem Milieu der Oberschicht oder arabisierte Versionen amerikanischer Vorbilder. Den Erfolg garantierte vor allem ein bekannter Star, der das Publikum ins Kino lockte und auf den auch heute noch kaum ein Regisseur zu verzichten wagt. Der Ruhm der weit über die Grenzen Ägyptens hinaus bekannten Sängerin Umm Kulthum wurde auf diese Weise begründet. Wesentlich für den Erfolg der Filme im arabischen Ausland war seit je aber auch das überall verständliche Kino-Ägyptisch, eine Kunstsprache mit dem Vokabular des klassischen Arabisch und der Aussprache im Kairiner Dialekt.

Der Zweite Weltkrieg hatte in Ägypten einen Wirtschaftsboom ausgelöst, der sich auch auf die Filmbranche übertrug. Ab Mitte der 40er Jahre rangierten deren Umsätze zeitweise sogar unmittelbar hinter der führenden Textilindustrie. Die künstlerische Qualität litt jedoch unter der schnellen Massenproduktion sehr und wurde 1947 außerdem durch ein neues verschärftes Zensur-Gesetz eingeengt, das alle Szenen, die an der bestehenden Gesellschaftsordnung hätten rütteln können, verbot – von verschmutzten Gassen über armselige Lehmdörfer bis zu Verbrechen oder Streiks.

Dies änderte sich mit der Revolution der Freien Offiziere: Bisher tabuierte Themen wurden aufgegriffen, und Bauern und kleine Leute waren nicht länger bloß für komische Einlagen gut, sondern ernstzunehmende Menschen. Statt exotischer Luxusvillen und Nachtklubs tauchte plötzlich ihre eigene Welt im Film auf, mit der sie sich umso mehr identifizieren konnten, als sie in einer klaren und didaktischen Weise dargestellt war. Auch das weniger gebildete Publikum sollte den Film verstehen können und nicht nur vordergründig unterhalten, sondern zugleich über seine Situation aufgeklärt und zu Problemlösungen angeregt werden.

Diese „realistische“ Phase des ägyptischen Films in den 50er und 60er Jahren war wesentlich von der Literatur beeinflußt. Anerkannte Autoren wie Taufik el-Hakim, Abd el-Rahman el-Scharqawi und Jussuf Idris boten Vorlagen oder schrieben Drehbücher, allen voran jedoch Nagib Machfus. Machfus, der damals überwiegend für den Film tätig war, und Salah Abu Seif als Regisseur waren das Erfolgsteam jener Tage. Beide sind in Kairo in einfachen Verhältnissen aufgewachsen und haben sich die Liebe zu ihrem Milieu bewahrt, das sie meisterhaft zu zeichnen wußten, volkstümlich und humorvoll – der eine in Sprache,

Abb.11: „Die Todeszelle" – nach einer Erzählung von Jussuf Idris. Spielfilme und Werbung 'made in Egypt' sind im gesamten arabischen Raum verbreitet und vor allem in den neureichen Golfstaaten sehr beliebt.

der andere in Bildern. Die anderen wichtigen Vertreter des realistischen Films sind Taufik Salih und Jussuf Chahine. Sie haben Klassiker der Literatur wie „Staatsanwalt unter Fellachen“ und „Die Erde“ verfilmt. Sein Können und seine Experimentierfreudigkeit machten Jussuf Chahine zum international bestbekannten ägyptischen Filmemacher.

Beim Publikum populär und durch die staatliche Kulturpolitik gefördert, entwickelte sich in den 60er Jahren ein regelrechter Realismus-Boom. Der ursprünglich sozialkritische Ansatz verflachte jedoch dabei, zum einen, weil Nasser mit wachsender Kritik an seiner Regierung die künstlerische Freiheit durch schärfere Zensurbestimmungen einschränkte, zum anderen, weil bald auch rein kommerzielle Produktionen den so erfolgreichen Realismus für sich vereinnahmten. Diese Tendenz verstärkte sich während der Öffnungspolitik Sadats, als auch in der Filmindustrie staatliche Investitionen verringert und privatwirtschaftliche Initiativen gefördert wurden. Fachfremde Geschäftsleute witterten im Film eine gute Investitionsanlage, was sich unweigerlich auf die Filminhalte auswirkte. Sozialkritik verkam zum sozialen Drama mit einer thematischen Mischung aus Liebe, Familie und Verbrechen.

Daran hat sich bis heute wenig geändert, auch wenn in den 80er Jahren – ähnlich wie in der Literatur – ein „neuer Realismus“ aufgeblüht ist, der sich überwiegend mit den wirtschaftlichen und sozialen Folgen der Öffnungspolitik beschäftigt. Probleme wie Bürokratie, Korruption, Wohnungsnot, Gewalt oder Arbeitsmigration werden jedoch selten als Ergebnis bestimmter politischer Strukturen analysiert. Meist rankt sich der Plot um einen skrupellosen, macht- und geldgierigen Menschen, dessen amoralisches Verhalten alles Übel verursacht.

Filme, die gesellschaftliche Zusammenhänge aufzeigen, sind die Ausnahme: Nach einer Machfus-Erzählung dreht Ali Badrakhan „Die Leute an der Spitze“, in der ein sympathischer kleiner Dieb die hohe Schule des Betrugs kennenlernt. In „Die Vagabunden“ schildert Daud Abd el-Said die Geschichte von zwei guten Freunden, von denen einer ihre zwielichtigen Geschäfte nicht mehr mittragen will und deshalb vom anderen umgebracht wird. Und „Der Busfahrer“ von Atef el-Tayeb zeigt ernüchternd, wie traditionelle Normen und Familiensolidarität auf dem Infitah-Altar von Profit und Konsum geopfert werden ...

Die weltweite Krise des Kinos in den 70er Jahren hat die ägyptische Filmindustrie verschont – trotz chronischen Kapitalmangels und eines auf städtische Ballungszentren eng begrenzten Inlandsmarktes. Ein Drittel der nicht einmal 300 ägyptischen Kinos befindet sich nämlich in Kairo. Wenn die Branche unter diesen Bedingungen sogar expandieren konnte, lag dies vor allem an der stark gestiegenen Auslandsnachfrage nach Videofilmen: Mit dem neuen Reichtum in der Golfregion, insbesondere in Saudi-Arabien, wuchs auch das Unterhaltungsbedürfnis und erschloß den Ägyptern einen finanzkräftigen Absatzmarkt. Die Konkurrenz aus dem westlichen Ausland ist gegenwärtig noch gering, da das Golf-Publikum aus kulturellen Gründen ägyptische Produktionen bevorzugt. Umgekehrt werden diese gezielt dem konservativen Geschmack der neuen Kunden angepaßt und verlieren dadurch nicht nur an künstlerischer Qualität, sondern auch ihren nationalen Charakter.

Die großen Gewinner des Video-Booms am Golf sind Film-Exporteure, Geschäftsleute sowie internationale Konzerne, die im ägyptischen Film einen idealen Werbeträger für eine zahlungskräftige Zielgruppe sehen. Am wenigsten profitieren die Produzenten selbst, deren Rechte an den Filmen minimal sind. Mittlerweile schießen auch in Ägypten Videotheken wie Pilze aus dem Boden, und nicht wenige Filmemacher entdecken ihre Produktion als Video-Raubkopie, noch bevor die vierwöchige Schonfrist nach der Premiere abgelaufen ist. Erfreulicherweise gibt es trotzdem eine junge Generation engagierter Regisseure, die es schaffen, neben kommerzieller Massenware auch immer wieder einen anspruchsvolleren Film zu drehen.

12. Ägypten als Reiseland: Götter, Gräber und Touristen

Götter und Pharaonen sind Ägyptens beste Werbeagenten, die das Land schon in der Antike zu einem der begehrtesten Reiseziele gemacht haben. Besuchten damals aber nur wenige Individualreisende das Niltal, fallen heutzutage jährlich um die zweieinhalb Millionen ein – allen voran bildungseifrige Europäer, gefolgt von Arabern und Amerikanern. Zwar ächzt das Land bereits schwer unter diesem Ansturm, doch in einer unheilvollen Allianz möchten staatliche Planer und private Investoren Ägyptens Anteil am internationalen Tourismus weiter vergrößern. Immerhin zählt der Fremdenverkehr zu den vier wichtigsten Devisenquellen. Ziel ist es daher, bis zur Jahrhundertwende die Hotelkapazität von 80 000 Betten zu verdoppeln. Ob dann allerdings nicht schon längst zerstört ist, was bislang Ägyptens Anziehungskraft ausmachte – einzigartige Kulturdenkmäler, vielfältige landschaftliche Schönheiten, weltweit gerühmte Tauchgründe und gastfreundliche, ehrliche Menschen? „*Egypt loves you*", verspricht die Werbung, „*come see for yourself.*"

Von Herodot zum Massentourismus

Pilgerfahrten zu heiligen Stätten unternahmen auch die alten Ägypter; der Bildungstourismus begann aber erst in griechischer Zeit. Einer der ersten überlieferten Besucher war Herodot, der „Vater der Geschichte". Sein Bericht über die Reise, die ihn um 450 v.Chr. weit in den Süden bis zur Nilinsel Elephantine geführt hat, ist noch heute eine wertvolle Informationsquelle. Ob geologische Schichtung oder Tierwelt, ob die Nilquellen oder Religion und Totenkult – Herodot interessierte sich dafür. Da er als humorvoller Mensch obendrein Gefallen an fantastischen Geschichten aus dem Volk zu haben schien, stehen glaubhafte und fragwürdige Aussagen einträchtig nebeneinander. Bei aller Begeisterung für sein Reiseland stellte Herodot aber auch verwundert fest, daß Ägypter alles anders machen als andere Menschen. Wenn er sich dennoch mit Land und Leuten so identifizierte, daß er zugab, „ein Ägypter sein zu können", muß es sich wohl um den Idealfall eines einfühlsamen Reisenden gehandelt haben.

Auf Herodots Spuren bewegten sich noch andere Größen der Antike: Diodorus Siculus, Strabo, Plutarch, Pausanias oder Juvenal. Sie alle waren tief beeindruckt vom hunderttorigen Theben und vom Tal der Könige, vor allem aber von den Memnonskolossen, die im Altertum zu den Weltwundern zählten. Die Kunde vom allmorgendlichen Klagen des nördlichen, durch ein Erdbeben gerissenen Steinriesen war weit über die Grenzen Ägyptens hinausgedrungen und zog viele Besucher an, selbst römische Kaiser: Hadrian unterbrach hier mehrere Tage seine Fahrt durch das Niltal. Auch Septimus Severus lauschte den rätselhaften Tönen – vermutlich eine Folge der Temperatur- und Feuchtigkeitsunterschiede zwischen Tag und Nacht. Nachdem der hohe Besucher jedoch die schadhaften Stellen hatte ausbessern lassen, verstummte der Koloß für immer. In der Spätantike bis zur islamischen Eroberung überwogen vor allem Pilgerreisen zu den frühchristlichen Stätten des Landes.

Der moderne Bildungstourismus in Ägypten begann erst im 19. Jahrhundert – ausgelöst durch einen Feldzug. Napoleons Armee wurde begleitet von einem Stab von Wissenschaftlern, deren sorgfältige landeskundliche Arbeiten in der vielbändigen *Description de l'Egypte* erschienen und in Europa eine Welle der Ägypten-Begeisterung auslösten. Zwar reisten auch dann erst einige wenige Wagemutige in den unsicheren Orient. Außer Abenteurern wie z. B. Giovanni Belzoni waren dies vor allem ernsthafte Forscher wie der Orientalist Johann Burckhardt, der Zoologe Alfred Brehm oder der Ägyptologe Heinrich Brugsch. Aber auch Landschafts- und Architekturmalern bot Ägypten eine ideale Kulisse. Als einer der ersten verwirklichte David Roberts seinen Traum und zeichnete 1838 die wichtigsten Baudenkmäler vom Mittelmeer bis Nubien. Postkarten mit seinen

Tempelansichten gehören noch heute zum Standardsortiment gehobener Touristenläden. Ab den 40er Jahren tummelten sich in Ägypten plötzlich auch die Pioniere der Photographie, die den anfänglich großen technischen Aufwand wenigstens durch die im Tropenklima kürzeren Belichtungszeiten verringern und zugleich vom Ägypten-Boom profitieren wollten. Auch konnten Photographen schneller und genauer als Zeichner Tempelinschriften festhalten, die seit der Entzifferung der Hieroglyphen 1822 in Fachkreisen nachgefragt waren.

Mit einem der damals bekanntesten Photographen, Maxime Du Camps, bereiste der französische Schriftsteller Gustave Flaubert 1849–51 Ägypten. Seine Tagebuch-Eintragungen erzählen uns ausführlichst von den Menschen – Noblen wie Sklaven –, viel von Landschaften und Naturstimmungen, aber wenig von den klassischen Sehenswürdigkeiten, über die er in Abu Simbel gar stöhnte: „Die ägyptischen Tempel langweilen mich fürchterlich". Ziellos ließ Flaubert sich treiben, tauchte ein in die fremdartige Welt und fand sich dabei selbst. Sein Leben lang zehrte der Schriftsteller von dieser Reise, deren Erlebnisse er in „Salambo" verarbeitete – dessen Schauplatz allerdings Karthago im heutigen Tunesien ist ...

Der spektakuläre Besuch des Prince of Wales im Jahr 1861 sowie eine wachsende Zahl ausgezeichneter Bildbände verstärkten in Europa das Interesse an Ägypten noch weiter. Wenige Jahre später begann ein bescheidener Gruppentourismus, nachdem Thomas Cook als erster Reiseunternehmer der Welt Kreuzfahrten auf dem Nil anbot. Wer dächte da nicht gleich an Agatha Christies Roman „Tod auf dem Nil"? Stilvolle Hotels wie das „Winter Palace" in Luxor oder das „Cataract" in Assuan erinnern noch heute an die Kur- und Kulturferien der feinen Gesellschaft Europas, die während der Wintermonate ins warme, trockene Heilklima Oberägyptens auswich.

Der moderne Massentourismus ist allerdings noch jung in Ägypten. Unmittelbar nach der Revolution waren zunächst andere politische und wirtschaftliche Prioritäten gesetzt worden; 1961 wurde aber dann die Mehrzahl der Hotels verstaatlicht und der neu gegründeten *Egyptian General Organisation for*

Tourism and Hotels (EGOTH) unterstellt. Zu den in den Folgejahren von der öffentlichen Hand finanzierten Neubauten zählen auch unverzeihliche architektonische Sünden wie das „New Winter Palace" und das „New Cataract". Mit den Europäern, die nach der Suez-Krise Ägypten allmählich wiederentdeckten, trafen in den 60er Jahren auch immer mehr Araber aus den Golfstaaten ein, um dem heißen Wüstensommer ins kurzweiligere Kairo zu entfliehen. Die positive Entwicklung wurde jedoch jäh vom Sechstagekrieg 1967 unterbrochen, ein weiteres Mal, weniger schwer, durch den Oktoberkrieg 1973.

Präsident Sadats westlich orientierte Politik sowie eine Reihe begeisternder Ausstellungen, die um die Welt gingen, lösten schließlich jenen Run auf Ägypten aus, in dessen Verlauf 1980 die magische Grenze von einer Million Besucher pro Jahr überschritten wurde. Hotelbauten wurden aus dem Boden gestampft, Privatinvestitionen in Tourismusprojekte gefördert, internationales Hotelmanagement hofiert – überstürzte Aktivitäten ohne klare Entwicklungsstrategie! Wie krisenanfällig der Fremdenverkehr in Ägypten ist, zeigten bereits die Kriege mit Israel in einer Zeit, in der die touristische Infrastruktur noch wenig erschlossen war; umso schmerzhafter wurde der Einbruch aber 1981 nach der Ermordung Sadats, 1985 nach dem Terroranschlag auf das Kreuzfahrtschiff „Achille Lauro" und 1986 nach dem Aufstand der Kairener Bereitschaftspolizei, bei dem drei Luxushotels an den Pyramiden niedergebrannt wurden. Allein die Buchungen aus den USA gingen 1985/86 um über die Hälfte zurück. Danach boomte es wieder im Land der Pharaonen, und die Tourismusplaner waren zuversichtlich, die Besucherzahl weiterhin kräftig steigern zu können – bis die Kuwait-Krise im Herbst 1990 und der folgende Golfkrieg erneut alle Zukunftsplanungen in Frage stellten.

Zauberwort „Devisen"

Das klassische Land der Studienreisen möchte weg vom reinen „Trümmer-Tourismus" und künftig stärker vom Geschäft mit der Erholung profitieren. Die Chancen dafür stehen nicht einmal schlecht in Ägypten, denn Sonne, Strand und Meer gibt es im Überfluß. Eine Entwicklung hin zum Erholungstourismus hätte auch den Vorteil, daß sich die durchschnittliche Aufenthaltsdauer pro Besucher von acht Nächten weiter erhöhen würde. Zwei Strategien werden daher verfolgt: Zum einen ist geplant, in den traditionellen Touristenorten Luxor und Assuan durch großzügige Hotelanlagen oder Feriendörfer den Gast länger an den Ort zu binden und die Idee der einstigen Kur- und Kulturferien wiederzubeleben. Zum anderen sollen die Küsten des Roten Meeres erschlossen werden. Hier bietet Hurghada die größten Standortvorteile: Aufgrund der schon vorhandenen Infrastruktur, der Nähe zu den Kulturstätten des Niltales, der kilometerlangen breiten Strände und der großartigen Unterwasserlandschaft wird der Ort zum Zentrum des Bade- und Wassersport-Tourismus ausgebaut. Stand dort jahrelang ziemlich verlassen ein einziges Vier-Sterne-Hotel, gleicht die Gegend heute einer Großbaustelle.

Das ehrgeizigste Projekt entlang dieser Küste und in seiner Art bisher einzigartig entsteht nördlich von Safaga: Auf einem Gelände von 3200 Hektar (!) plant ein schwedisches Unternehmen einen Hotelkomplex, der weitgehend unabhängig von der einheimischen Infrastruktur funktionieren soll. Mit modernsten Methoden werden Wasser (durch Entsalzung), Strom und Agrarprodukte inklusive Fleisch vor Ort erzeugt. Nur auf die billige ägyptische Arbeitskraft will man dabei nicht verzichten. Schwieriger ist die Erschließung des abgelegenen Sinai, wenngleich auch dort die Hilton-Kette frühzeitig Zeichen gesetzt hat. In der kleinen Naama Bay unweit von Scharm el-Scheikh – vor wenigen Jahren noch ein Geheimtip unter Individualreisenden – gibt es für Neubauten mittlerweile nur noch Platz in der zweiten und dritten Reihe. Und nicht zuletzt bemüht sich auch Alexandria als traditioneller Badeort der Ägypter, stärker am Kultur- und Erholungstourismus beteiligt zu werden.

So ungetrübt wie die Planungen es vermuten lassen, ist das Verhältnis zwischen Ägypten und seinen internationalen Gästen allerdings nicht: Die These, daß Reisen aus reichen Ländern in die Dritte Welt „eine der elegantesten Formen der Entwicklungshilfe“ sei, ist zwar längst überholt, spukt aber noch immer in den Köpfen. In der Tat bringt der Tourismus dringend benötigte Devisen, verbraucht davon aber nach Schätzungen wiederum drei Viertel für sich – für Investitionsgüter, Konsumwaren, Werbung, ausländische Berater und Führungskräfte, nicht zu vergessen für Gewinntransfers an Investoren aus der Ersten Welt. Je weniger ein Land seine Touristen selbst versorgen kann, desto höher ist der Devisenabfluß durch Importe. Wie widersprüchlich dabei die ägyptische Haltung ist, zeigt sich z. B. daran, daß angestrebt wird, ausländische Produkte weitgehend durch einheimische zu ersetzen, während gleichzeitig systematisch internationales Management in die staatlichen Spitzenhotels geholt wurde. Außer einem vergleichsweise geringen Devisenanteil bleiben daher als „Aktivposten“ für Ägypten etwa 170 000 kapitalintensive und saisonal schwankende Arbeitsplätze und die vage Hoffnung, daß die touristische Erschließung der dünn besiedelten Küstenregionen weitere Wirtschaftszweige und Menschen aus den Ballungszentren nachziehen werde.

Unsanfter Tourismus

Wie andernorts zerstört der Tourismus zunehmend auch in Ägypten, was ihm lieb ist: Mußten in Theben in den letzten Jahren immer mehr der schönsten Noblen- und Königsgräber geschlossen werden, scheint nun sogar der Pyramidenbezirk von Gisa, werbewirksames Symbol der auf Ewigkeit ausgerichteten Pharaonenkultur, ernsthaft gefährdet. Seit sich ein schwerer Steinbrocken aus der Schulter des Sphinx gelöst hat, weisen sich Denkmalschützer, Politiker und Geschäftsleute gegenseitig die Schuld zu. Unbestritten ist, daß neben allgemeiner Luftverschmutzung und angestiegenem Grundwasserspiegel auch die Bodenerschütterung durch die unaufhörlich an- und abfahrenden Touristenbusse zur Katastrophe beigetragen hat.

Ähnlich stellt sich das Problem auch in den Gräbern: Karawanen von Besuchern erschüttern die zarten Kalksteinreliefs und Lehmfresken, schaden durch Feuchtigkeit und Staub den Farben oder schlagen gar mit ausladenden Fototaschen Löcher in die Wände. Die Maßnahmen zur Erhaltung und Restaurierung verschlingen Unsummen und gleichen den vergeblichen Mühen des Sisyphus: Während ein Grab gerettet wird, verfällt gleichzeitig ein anderes. Nicht umsonst wird der Ruf immer lauter, wenigstens die Königsgräber durch Kopien zu ersetzen ... Natürlich ist die Zerstörung einzigartiger Kulturgüter ökonomisch genausowenig erfaßbar wie die Zersiedelung der Küsten durch einförmige Bungalows und ghettoartige Feriendörfer oder die Vernichtung der Korallenbänke unter anderem durch die Einleitung von ungeklärten Hotelabwässern. In die Diskussion über die Bedeutung des Tourismus müssen diese Aspekte aber unbedingt einfließen.

Der Tourismus verändert auch die Menschen: „Eile mit Weile!“ rufen die Einheimischen freundlich-spöttisch, wenn sie deutsche Gruppen durch ihr Tagesprogramm hasten sehen. Viele Ägypter, die mit Fremden arbeiten, verhalten sich mittlerweile jedoch ähnlich rastlos: Nach der Devise, daß auch im Land am Nil Zeit Geld ist, bieten schon bei Morgengrauen fliegende Händler ihre Waren an, jagen Fremdenführer im Eiltempo Gruppen durch die Tempel, gibt es in den großen Hotels nur noch Büffet-Essen zur schnellen Massenabfertigung ...

Die früher hochgerühmte Gastfreundschaft im Orient ist heute fast nur noch außerhalb der vom Tourismus beherrschten Bereiche zu finden. Kein Wunder, denn Gastfreundschaft beruht auf Zeit füreinander, auf gegenseitiger Wertschätzung und auf dem Gefühl, daß der andere bereit wäre, sie zu erwidern! Wenn gerade in Luxor viele Ägypter als „verdorben“ und „aufdringlich“ gelten, hat dies seinen Grund nicht zuletzt darin, daß der Ort der Königsgräber über die längste touristische Vergangenheit verfügt. Viele Fremde reagieren auch unwillig, wenn selbst für die geringste Dienstleistung ein großes Trinkgeld verlangt wird – „Bakschisch“ wird zum Reizwort. So sehr Menschen mit geringem Einkommen darauf angewiesen sind, so maßlos sind oft ihre Forderungen. Aber Touristen erscheinen einem Ägypter eben unfaßbar reich, wenn sein Monatslohn niedriger ist als die Kosten für eine einzige Übernachtung in einem der großen Hotels.

Abb. 12: ... das Ägypten-Foto schlechthin: Vom Panorama-Plateau aus scheinen die Pyramiden majestätisch und einsam in der Wüste zu stehen. Doch auf ihrer anderen Seite brodelt die große Stadt.

Das Geschäft mit den Fremden lockt: Wer vorher Maß-Galabiyas für Ägypter geschneidert hat, produziert nun Massenware für Touristen; wer Mechaniker werden wollte, ist zum livrierten Kofferträger avanciert; wer nach der Schule mit kleinen Dienstleistungen bei den Nachbarn die Familienkasse aufgebessert hat, versucht es heute vielleicht mit Betteln ... Familienstrukturen werden auf den Kopf gestellt, wenn der Sohn als Türsteher im Hotel ein Vielfaches dessen verdient wie der Vater mit seinen Feldarbeiten.

Ägyptens rascher sozialer Wandel seit den 70er Jahren hat die

Kluft zwischen Arm und Reich erweitert und zu starken gesellschaftlichen Spannungen geführt. Diese verstärkt der Tourismus noch zusätzlich, indem er ein Bild vom Leben im Westen zeichnet, das aus Überlegenheit, Müßiggang und Wohlstand besteht. Der Traum, selbst daran teilzuhaben, bleibt für viele im Tourismusgeschäft jedoch in inneren Widersprüchen und aufgesetzten „modernen" Verhaltens- und Konsummustern stecken, die wiederum den Unmut jener gesellschaftlichen Gruppen herausfordern, die besonders in der gegenwärtigen Identitätskrise die traditionellen Werte zu erhalten und wiederzubeleben versuchen. Daß immer mehr Kritiker weltweit einen „sanften Tourismus" fordern, der umweltverträglich und sozialverantwortlich ist, verhallt in Ägypten ungehört. Der Frustrationspegel bei Reisenden wie Bereisten ist inzwischen ziemlich hoch. Statt jedoch über eine sinnvolle Begrenzung des Touristenstroms nachzudenken, träumt der zuständige Minister öffentlich von zweistelligen Zuwachsraten pro Jahr.

Literaturhinweise

1. Land und Leute, Grundprobleme, Gesamtdarstellungen

Büttner, Friedemann/Büttner, Veronika, Ägypten. In: Nohlen, Dieter/Nuscheler, Franz (Hrsg.), Handbuch der Dritten Welt. Bd. 6. Hamburg 1983², 37–86.

Meyer, Günter, Kairo. Entwicklungsprobleme einer Metropole der Dritten Welt. Köln 1989.

Ders., Wirtschaftlicher und sozialer Strukturwandel in der Altstadt von Kairo. In: Erdkunde 44 (1990), 93–110.

Rothenberg, Beno/Weyer, Helfried, Sinai. Pharaonen, Bergleute, Pilger und Soldaten. Bern 1979.

Schamp, Heinz (Hrsg.), Ägypten. Das alte Kulturland am Nil auf dem Weg in die Zukunft. Tübingen/Basel 1977.

Studienkreis für Tourismus (Hrsg.), Ägypten verstehen. Sympathie Magazin Nr. 2. 3.Ausgabe, Starnberg 1989.

Volkoff, Oleg V., 1000 Jahre Kairo. Die Geschichte einer verzaubernden Stadt. Mainz 1984.

2. „Vierzig Jahrhunderte blicken auf euch herab!"

Autorenkollektiv unter Leitung von Lothar Rathmann, Geschichte der Araber. Von den Anfängen bis zur Gegenwart. 7 Bde. Berlin 1974–1983.

Berger, Johannes/Büttner, Friedemann/Spuler, Bertold, Nahost-Ploetz. Geschichte der arabisch-islamischen Welt zum Nachschlagen. Freiburg/Würzburg 1987.

Bonhème, Marie-Ange/Forgeau, Anne, Pharao, Sohn der Sonne. Die Symbolik des ägyptischen Herrschers. Zürich/München 1989.

Eggebrecht, Arne, Das alte Ägypten. 3000 Jahre Geschichte und Kultur des Pharaonenreiches. Gütersloh 1988².

Haarmann, Ulrich (Hrsg.), Geschichte der arabischen Welt. München 1987.

Helg, Wolfgang, Geschichte des alten Ägypten, Leiden 1981².

Hornung, Erik, Grundzüge der ägyptischen Geschichte. Darmstadt 1988³.

Leclant, Jean, Ägypten. 3 Bde. München 1979.

Lutfi Al-Sayyid Marsot, Afaf, A Short History of Modern Egypt. Cambridge etc. 1985.

Otto, Eberhard, Ägypten. Der Weg des Pharaonenreiches. Stuttgart 1979⁵.

Vatikiotis, P.J., The History of Egypt. From Muhammad Ali to Mubarak. London 1985³.

Walbank, Frank K., Die hellenistische Welt. München 1983.
Wolf, Walther, Das alte Ägypten. München 1978².

3. *Ein Land wird unterentwickelt*

Baer, Gabriel, Studies in the Social History of Modern Egypt. Chicago 1969.
Beinin, Joel/Lockmann, Zachary, Workers on the Nile. Nationalism, Communism, Islam, and the Egyptian Working Class, 1882–1954. Princeton, N.J., 1987.
Davis, Eric, Challenging Colonialism. Bank Misr and Egyptian Industrialization, 1920–1941. Princeton, N.J., 1982.
Gran, Peter, Islamic Roots of Capitalism. Egypt 1760–1840. Austin/London 1979.
Lutfi Al-Sayyid Marsot, Afaf, Egypt in the reign of Muhammad Ali. Cambridge 1984.
Mitchell, Timothy, Colonising Egypt. Cambridge 1988.
Owen, E.R.J., Cotton and the Egyptian Economy, 1820–1914. Oxford 1969.
Schölch, Alexander, Ägypten den Ägyptern. Die politische und gesellschaftliche Krise der Jahre 1878–1882. Freiburg 1972.
Schulze, Reinhard, Die Rebellion der ägyptischen Fellahin 1919. Berlin 1981.
Ders., Ägypten 1936–1956. Die Nationalisierung eines kolonialen Staates. In: Mommsen, Wolfgang J. (Hrsg.), Das Ende der Kolonialreiche. Frankfurt 1990, 134–167, 225–231.
Tignor, Robert L., State, Private Enterprise, and Economic Change in Egypt, 1918–1952. Princeton 1984.
Toledano, Ehud R., State and Society in Mid-Nineteenth-Century Egypt. Cambridge 1990.

4. *Zwischen Fremdbestimmung und Selbstbestimmung*

Abdel-Malek, Anouar, Ägypten: Militärgesellschaft. Das Armeeregime, die Linke und der soziale Wandel unter Nasser. Frankfurt 1971.
Agaryschew, Anatoli, Gamal Abdel Nasser. Leben und Kampf eines Staatsmannes. Frankfurt/M. 1977.
Ansari, Hamied, Egypt. The Stalled Society. New York 1986.
Autorenkollektiv unter Leitung von Martin Robbe, Aufbruch am Nil. Politik und Ideologie in der ägyptischen Befreiungsbewegung unter Gamal Abdel Nasser. Berlin 1976.
Binder, Leonard, In a Moment of Enthusiasm. Political Power and the Second Stratum in Egypt. Chicago/London 1978.
Ders., Islamic Liberalism. A Critique of Development Ideologies. Chicago/London 1988.
Cooper, Mark N., The Transformation of Egypt. London/Canberra 1982.

Heikal, Mohamed, Das Kairo-Dossier. Aus den Geheimpapieren des Gamal Abdel Nasser. Wien/München/Zürich 1972.
Ders., Sadat. Das Ende eines Pharao. Eine politische Biographie. Düsseldorf 1984.
Hinnebusch, Raymond, Egyptian Politics under Sadat. The post-populist development of an authoritarian-modernizing state. Cambridge 1985.
Hirst, David/Beeson, Irene, Sadat. London 1981.
Krämer, Gudrun, Ägypten unter Mubarak. Identität und nationales Interesse. Baden-Baden 1985.
Pawelka, Peter, Herrschaft und Entwicklung im Nahen Osten: Ägypten. Heidelberg 1985.
Springborg, Robert, Mubarak's Egypt. Fragmentation of the Political Order. Boulder, Col./London 1989.
Stephens, Robert, Nasser. A Political Biography. London 1971.
Tripp, Charles/Owen, Roger (Eds.), Egypt under Mubarak. London/New York 1989.
Waterbury, John, The Egypt of Nasser and Sadat. The Political Economy of Two Regimes. Princeton 1984.

5. Noch immer das Land der Fellachen?

Adams, Richard H., Jr., Development and Social Change in Rural Egypt. Syracuse, N.Y. 1986.
Bliss, Frank, Wirtschaftlicher und sozialer Wandel im „Neuen Tal" Ägyptens. Über die Auswirkungen ägyptischer Regionalentwicklungspolitik in den Oasen der Westlichen Wüste. Bonn 1989.
Commander, Simon, The State & Agricultural Development in Egypt since 1973. London/Atlantic Highlands, N.J. 1987.
Kreditanstalt für Wiederaufbau, Der Assuan-Staudamm und seine Folgen. Zusammenfassender Bericht und Einzelbeiträge eines Sachverständigengesprächs. Frankfurt/M. 1986.
Little, Tom, High Dam at Aswan. London 1965.
Radwan, Samir, Capital Formation in Egyptian Industry & Agriculture 1882–1967. London 1974.
Ders./Lee, Eddy, Agrarian Change in Egypt. An Anatomy of Rural Poverty. London/Sydney/Dover 1986.
Richards, Alan (Ed.), Food, States, and Peasants. Analyses of the Agrarian Question in the Middle East. Boulder/London 1986.
Richards, Alan/Martin, Philip L., Migration, Mechanization, and Agricultural Labor Markets in Egypt. Boulder, Col./ Cairo 1983.
Stauth, Georg, Die Fellachen im Nildelta. Wiesbaden 1983.
Waterbury, John, Hydropolitics of the Nile Valley. Syracuse, N.Y. 1979.

6. *Wirtschaftspolitik: Strukturanpassung versus sozialer Friede?*

Aliboni, Roberto, u.a. (Eds.), Egypt's Economic Potential. London/Sydney/Dover 1984.
Hansen, Bent/Marzouk, Girgis A., Development and Economic Policy in the UAR (Egypt). Amsterdam 1965.
Ikram, Khalid, Egypt. Economic Management in a Period of Transition. Baltimore/London 1980 (World Bank Country Economic Report).
Mabro, Robert/Radwan, Samir, The Industrialization of Egypt 1939–1973. Policy and Performance. Oxford 1976.
Möller, Alex, u.a., Vorschläge zur Lösung der ökonomischen Probleme Ägyptens. Gutachten für den Präsidenten der Arabischen Republik Ägypten Anwar El Sadat. Düsseldorf 1980.
Moore, Clement Henry, Images of Development. Egyptian Engineers in Search of Industry. Cambridge, Mass./London 1980.
Ders., Islamic Banks. Financial and Political Intermediation in Arab Countries. In: Orient 29 (1988), 45–57.
Weiss, Dieter, Wirtschaftliche Entwicklungsplanung in der Vereinigten Arabischen Republik. Köln/Opladen 1964.
Zaalouk, Malak, Power, Class, and Foreign Capital in Egypt. The Rise of the New Bourgeoisie. London/New Jersey 1989.

7. *Nur „fette Katzen" leben gut*

Abdel-Fadil, Mahmoud, Development, Income Distribution and Social Change in Rural Egypt (1952–1970). A study in the political economy of agrarian transition. Cambridge 1975.
Ders., The Political Economy of Nasserism: A study in employment and income distribution policies in urban Egypt, 1952–1972. Cambridge 1980.
Abdel-Khalek, Gouda/Tignor, Robert (Eds.), The Political Economy of Income Distribution in Egypt. New York/London 1982.
Semsek, Hans-Günter/Stauth, Georg, Lebenspraxis, Alltagserfahrung und soziale Konflikte. Kairoer Slums der achtziger Jahre. Stuttgart 1987.
Wikan, Unni, Life Among the Poor in Cairo. London 1980.

8. *Zwischen Alleinherrschaft und Gewaltenteilung*

Ayubi, Nazih N.M., Bureaucracy & Politics in Contemporary Egypt. London 1980.
Bianchi, Robert, Unruly Corporatism. Associational Life in Twentieth-Century Egypt. New York/Oxford 1989.
Büren, Rainer, Die Arabische Sozialistische Union. Einheitspartei und Verfassungssystem der VAR unter Berücksichtigung der Verfassungsgeschichte von 1840–1968. Opladen 1970.

Hinnebusch, Raymond, Egyptian Politics under Sadat. The post-populist development of an authoritarian-modernizing state. Cambridge 1985.

Koszinowski, Thomas, Der Demokratisierungsprozeß in Ägypten. Die Politik Mubaraks im Lichte der Parlamentswahlen vom Mai 1984. In: Orient 25 (1984), 335–360.

Krämer, Gudrun, Ägypten unter Mubarak. Identität und nationales Interesse. Baden-Baden 1985.

Dies., The Change of Paradigm. Political Pluralism in Contemporary Egypt. In: Peuples méditerranéens 41–42/1987–1988, 283–302.

Palmer, Monte/Leila, Ali/Yassin, El Sayed, The Egyptian Bureaucracy. Syracuse, N.Y. 1988.

Pawelka, Peter, Herrschaft und Entwicklung im Nahen Osten. Ägypten. Heidelberg 1985.

Safran, Nadav, Egypt in Search of Political Community. An Analysis of the Intellectual and Political Evolution of Egypt, 1804–1952. Cambridge, Mass./London 1981.

9. *Muslime und Kopten – die entzweiten Kinder des Einen Gottes*

Alt, Ernst, Ägyptens Kopten. Eine einsame Minderheit. Saarbrücken 1980.

Behrens-Abouseif, Doris, Die Kopten in der ägyptischen Gesellschaft von der Mitte des 19. Jahrhunderts bis 1927. Tübingen 1972.

Carter, B(arbara) L(ynn), The Copts in Egyptian Politics. London/Sydney/Dover 1986.

Chitham, E.J., The Coptic Community in Egypt. Durham 1986.

Davis, Eric, Ideology, Social Class and Islamic Radicalism in Modern Egypt. In: Arjomand, Said Amir (Ed.), From Nationalism to Revolutionary Islam. London 1984.

Dessouki, Ali E. Hillal, The Resurgence of Islamic Organisations in Egypt. In: Cudsi, Alexander S./Dessouki, Ali E. Hillal (Eds.), Islam and Power. London 1981, 107–118.

Evangelische Mittelost-Kommission Hannover (Hrsg.), Christen im Schatten der Pyramiden. Reisemagazin Ägypten. Stuttgart 1989.

Farah, Nadia Ramsis, Religious Strife in Egypt. Crisis and Ideological Conflict in the Seventies. New York etc. 1986.

Guenena, Nemat, The „Jihad“. An „Islamic Alternative“ in Egypt. Cairo 1986.

Ibrahim, Saad Eddin, Anatomy of Egypt's Militant Islamic Groups. Methodological Notes and Preliminary Findings. In: International Journal of Middle East Studies 12 (1980), 423–453.

Johansen, Baber, Islam und Staat. Abhängige Entwicklung, Verwaltung des Elends und religiöser Antiimperialismus. Berlin 1982 (Argument Studienhefte 54).

Kepel, Gilles, The Prophet and Pharao. Muslim Extremism in Contemporary Egypt. London 1985.

Meinardus, Otto F.A., Christian Egypt. Faith and Life. Cairo 1970.
Mitchell, Richard, The Society of the Muslim Brothers. London 1969.
Nagel, Tilman, Staat und Glaubensgemeinschaft im Islam. Geschichte der politischen Ordnungsvorstellungen der Muslime, 2 Bde. Zürich/München 1981.
Reissner, Johannes, Die militant-islamischen Gruppen. In: Ende, Werner/Steinbach,Udo (Hrsg.), Der Islam in Geschichte und Gegenwart. München 1984, 470–483.
Rothholz, Walter, Moderne Forderungen in alter Sprache. Die politische Rolle der islamischen Fundamentalisten im Ägypten des 20. Jahrhunderts. In: Zeitschrift für Politik 34 (1987), 143–170.
Schulze, Reinhard, Islamische Kultur und soziale Bewegung. In: Peripherie 18–19(1984–1985), 60–84.
Steppat, Fritz, Islamische Antworten auf die Fragen der modernen Welt. In: Bayerische Landeszentrale für politische Bildungsarbeit (Hrsg.), Weltmacht Islam. München 1988, 413–425.
Tibi, Bassam, Die Krise des modernen Islams. Eine vorindustrielle Kultur im wissenschaftlich-technischen Zeitalter. Frankfurt 1991[2].
Ders., Der Islam und das Problem der kulturellen Bewältigung sozialen Wandels. Frankfurt/M. 1985.

10. Ägyptens Frauen: Zurück in den Harem?

Abaza, Mona, The Changing Image of Women in Rural Egypt. Cairo Papers in Social Science 10 (1987), Monograph 3.
Alliata, Vittoria, Harem. Die Freiheit hinter dem Schleier. München 1980.
Beck, Lois/Keddie Nikki (Eds.), Women in the Muslim World. Cambridge, Mass./London 1978.
Bliss, Frank, Frau und Gesellschaft in Nordafrika. Islamische Theorie und gesellschaftliche Wirklichkeit. Bad Honnef 1986 (DSE: Arbeitsmaterialien für den landeskundlichen Unterricht, Heft 8.).
Enderwitz, Susanne, Der Schleier im Islam. In: Feministische Studien 2 (1983), 95–112.
Fernea, Elizabeth W. (Ed.), Women and the Family in the Middle East. New Voices of Change. Austin 1985.
Dies./Bezirgan, Basima Q., Middle Eastern Muslim Women Speak. Austin, Texas/London 1977.
Hussein, Freda (Ed.), Muslim Women. London/Sydney 1984.
Mernissi, Fatima, Geschlecht, Ideologie, Islam. München 1987.
Dies., Der politische Harem. Mohammed und die Frauen. Frankfurt/M. 1989.
Nelson, Cynthia (ed.), Women, Health and Development. In: Cairo Papers in Social Science 1 (1977), Monograph 1. 1983[2].
Rugh, Andrea, Family in Contemporary Egypt. Syracuse, N.Y. 1984.
Dies., Reveal and Conceal. Dress in Contemporary Egypt. Cairo 1987.

El-Saadawi, Nawal, Tschador. Frauen im Islam. Bremen 1980.
Shaarawi, Huda, Harem Years. The Memoirs of an Egyptian Feminist. London 1986.
Timm, Klaus, Die muslimische Frau zwischen Tradition und Fortschritt. Leipzig 1976.
Tucker, Judith, Women in nineteenth-century Egypt. Cambridge 1985.
Walter, Wiebke, Die Frau im Islam. Bremen 1980.

11. Literatur und Film als Spiegel ihrer Zeit

Badawi, Mustafa M., Modern Arabic Drama in Egypt. Cambridge 1988.
Boullata, Issa (Ed.), Critical Perspectives on Modern Arabic Literature 1945–1980. Washington 1980.
Brugman, Jan, An Introduction to the History of Modern Arabic Literature in Egypt. Leiden 1984.
Kilias, Doris, Ägyptische Prosa heute. In: Weimarer Beiträge, Heft 2/1989.
Kilpatrick, Hilary, The Modern Egyptian Novel. A Study in Social Criticism. London 1974.
Lüders, Michael, Gesellschaftliche Realität im ägyptischen Kinofilm. Von Nasser zu Sadat (1952–1981). Frankfurt/M. 1989.
Moosa, Matti, The Origins of Modern Arabic Fiction. Washington 1983.
Richter, Erika, Realistischer Film in Ägypten. Berlin (DDR) 1974.
Sadoul, George, The Cinema in the Arab Countries. Beirut 1966.
Shafiq, Viola, Realität und Film im Ägypten der achtziger Jahre. Unveröffentlichte Magisterarbeit der Universität Hamburg 1988.
Dies., Youssef Chahine. In: Kinemathek Nr. 74, Juni 1989.
Wielandt, Rotraud, Das Bild der Europäer in der modernen arabischen Erzähl- und Theaterliteratur (Beiruter Texte und Studien, Band 23). Beirut/Wiesbaden 1980.

12. Ägypten als Reiseland: Götter, Gräber und Touristen

Adam, Richard, Keine Aussicht ohne Einsicht. Grafenau 1989.
Bundesministerium für wirtschaftliche Zusammenarbeit, Tourismus in Entwicklungsländer, Materialien Nr. 67. Bonn 1981.
Ludwig, Klemens/Has, Michael/Neuer, Martina, Der neue Tourismus. Rücksicht auf Land und Leute. München 1990.
Mäder, Ueli, Vom Kolonialismus zum Tourismus – von der Freizeit zur Freiheit. Zürich 1987.
Pfäfflin, Georg, Tourismus und Entwicklung. Stuttgart 1988.
Scherrer, Christian, Dritte Welt-Tourismus. Entwicklungsstrategische und kulturelle Zusammenhänge. Berlin 1986.
Vielhaber, Armin, Tourismus in Ägypten. Starnberg 1979.

Ägyptische Literatur in deutscher Übersetzung

Abd as-Sabur, Salah, Der Tod des Mystikers (Schauspiel). Berlin 1981.
Ders., Der Nachtreisende. Eine schwarze Komödie. Berlin 1982.
al-Faituri, Mohammed, Musik eines wandernden Derwischs (Gedichte). Berlin (DDR) 1987.
Farag, Alfred, At-Tabrizi und sein Knecht (Schauspiel). Berlin 1982.
al-Ghitani, Gamal, Seini Barakat. Diener des Sultans, Freund des Volkes. Basel 1988.
el-Hakim, Taufik, Von Wundern und heller Verwunderung und von denen, die es mit Himmel und Hölle halten. Berlin (DDR) 1970.
Ders., Staatsanwalt unter Fellachen. Zürich 1982.
Hakki, Yahya, Die Öllampe der Umm Haschim. Berlin 1981.
Hussain, Taha, Kindheitstage. Berlin 1985.
Ders., Jugendjahre in Kairo. Berlin 1986.
Idris, Jussuf, Die billigsten Nächte (Erzählungen). Berlin (DDR) 1977.
Machfus, Nagib, Der Dieb und die Hunde, Berlin 1980; München 1989.
Ders., Die Midaq-Gasse. Zürich 1985.
Ders., Das Hausboot am Nil. Berlin 1985.
Ders., Die Moschee in der Gasse. Leipzig 1978; Zürich 1988.
Ders., Die Kinder unseres Viertels. Zürich 1990.
Ders., Miramar. Zürich 1989.
Kilias, Doris, Erkundungen. 32 ägyptische Erzähler. Berlin 1989.
Nagib, Nagi (Hrsg.), Farahats Republik. Zeitgenössische ägyptische Erzählungen. Berlin 1980.
Rifaat, Alifa, Zeit der Jasminblüte. Zürich 1988.
Dies., Erste Liebe – letzte Liebe (Erzählungen). Berlin 1989.
El-Saadawi, Nawal, Ich spucke auf euch. Bericht einer Frau am Punkt Null. München 1984.
Dies., Gott stirbt am Nil. München 1986.
Dies., Ein moderner Liebesbrief. Hamburg 1987.
Dies., Ringelreihen (Erzählungen). München 1990.
al-Tahtawi, Rifa'a, Ein Muslim entdeckt Europa. München 1989.
Teweleit, Horst Lothar (Hrsg.), Von Abend zu Abend. Erzählungen aus dem tausendjährigen Kairo. Berlin (DDR) 1970.
Ziock, Hermann (Hrsg.), Der Tod des Wasserträgers. Ägypten in Erzählungen seiner besten zeitgenössischen Autoren. Herrenalb 1963.
Ders., Moderne Erzähler der Welt. Ägypten. Tübingen 1974.

Glossar

ASU: Arabische Sozialistische Union; ab 1962 die Massenorganisation des Regimes, ab 1976 funktionslos, 1980 aufgelöst.
Bakschisch: Trinkgeld bzw. Belohnung für eine Gefälligkeit.
Feddan: ägyptisches Flächenmaß; 1 Feddan = 0,42 Hektar.
Fellah (Fellache): arab.: Bauer.
Galabiya: knöchellanges, hemdartiges Kleidungsstück.
Hijra (Hedschra): arab.: Auszug; bezeichnet die Emigration Mohammeds aus Mekka nach Medina und den Beginn der islamischen Zeitrechnung (622 n.Chr.).
Infitah : arab.: Öffnung; bezeichnet die von Präsident Sadat initiierte Politik der wirtschaftlichen und politischen Öffnung gegenüber dem Westen.
Islamische Allianz: Wahlbündnis der Muslimbruderschaft mit der SPA und der kleinen Partei der (Sozialistischen) Liberalen; 1984–87 stärkste Oppositionsfraktion im Parlament.
Jihad (Dschihad): Gott wohlgefälliges „Sich-Bemühen" in der dreifachen Bedeutung von vorbildlicher Lebensführung, Missionstätigkeit und dem „Heiligen Krieg" gegen Ungläubige.
Khedive: bis 1914 Titel der ägyptischen Vizekönige unter osmanischer Oberhoheit.
Kopten: Ägyptens Christen.
Koran: Heilige Schrift der Muslime mit den Offenbarungen an den Propheten Mohammed.
LE: ägypt. Währungseinheit ist das Pfund (Abk. LE = Livre Egyptienne); ein LE hat einhundert Piaster.
Muslimbrüder: die 1928 gegründete „Gemeinschaft der Muslimbrüder" ist eine religiös-politische Bewegung, die einen islamischen Staat anstrebt; seit 1984 als größere Gruppe im Parlament vertreten, von 1987 bis 1990 als führende Kraft der Islamischen Allianz.
NDP: Nationaldemokratische Partei; seit ihrer Gründung durch Sadat 1978 Regierungspartei.
Misr: arab.: Ägypten.
Rais: arab.: Präsident, Führer.
Scharia: islamisches Gesetz.
Schaikh (Scheich): religöser Würdenträger; Stammesältester.
Schia: arab.: Partei; bezeichnete zunächst die Parteigänger von Mohammeds Schwiegersohn Ali, später Abspaltungen vom Mehrheitsislam.
SPA: Sozialistische Partei der Arbeit, ägyptische Oppositionspartei; wegen

der Zusammenarbeit mit den Muslimbrüdern jetzt nur noch: Partei der Arbeit.

Sufi: islamischer Mystiker.

Sunna: arab.: Gewohnheit, Brauch; bezeichnet das beispielhafte Handeln und Verhalten Mohammeds und seiner Gefährten; Sunniten sind die orthodoxe Mehrheit der Muslime.

Sure: eines der 114 Kapitel des Koran.

Tagammu: arab.: Sammlung; Kurzbezeichnung für die linke Nationale Fortschrittlich-Unionistische Sammlungspartei.

Wadi: meist ausgetrocknetes Flußbett in Wüsten und Steppengebieten, das nach seltenen Regenfällen reißendes Wasser führen kann.

Wafd: arab.: Delegation; ursprünglich die Delegation der ägypt. Nationalbewegung zur Versailler Friedenskonferenz; ab 1923 bis zur Revolution wichtigste Partei; 1978 als Neuer Wafd wiederbegründet.

VAR: Vereinigte Arabische Republik Ägyptens mit Syrien (1958-1961).

Aktuelle Länderkunden in der Beck'schen Reihe

Politisches Lexikon Afrika, hrsg. von R. Hofmeier/ M. Schönborn (BsR 810)
Ägypten, von F. Büttner/I. Klostermeier (BsR 842)
Algerien s. Maghreb
Politisches Lexikon Asien, Australien, Pazifik, hrsg. von W. Draguhn/R. Hofmeier/M. Schönborn (BsR 827)
Baltikum: Estland, Lettland, Litauen, von K. Ludwig (BsR 841)
Belgien, von J. Schilling/R. Täubrich (BsR 829)
Bhutan, von H. Wilhelmy (BsR 830)
Bolivien, von T. Pampuch/A. Echalar A. (BsR 813)
Brasilien, von M. Wöhlcke (BsR 804)
China, von O. Weggel (BsR 807)
Cypern, von K. Hillenbrand (BsR 837)
Kleines England Lexikon, von P. Fischer/G.P. Burwell (BsR 814)
Estland s. Baltikum
Frankreich, hrsg. von G. Haensch/H.J. Tümmers (BsR 831)
Kleines Frankreich-Lexikon, von G. Haensch/P. Fischer (BsR 802)
Griechenland, von B. Bockhoff (BsR 808)
Großbritannien, von H. Händel/I. Friebel (BsR 835)
Indien, von K. Gräfin v. Schwerin (BsR 820)
Indochina, von O. Weggel (BsR 809)
Irland, von M.P. Tieger (BsR 801)
Italien, von C. Chiellino/F. Marchio/G. Rongoni (BsR 821)
Kleines Italien-Lexikon, von C. Chiellino (BsR 819)
Japan, von M. Pohl (BsR 836)
Jugoslawien, von C. v. Kohl (BsR 832)
Korea, von H.W. Maull/I.M. Maull (BsR 812)
Politisches Lexikon Lateinamerika, hrsg. von P. Waldmann/ U. Zelinsky (BsR 221)
Lettland s. Baltikum

Litauen s. Baltikum
Politisches Lexikon Nahost, hrsg. von U. Steinbach/ R. Hofmeier/M. Schönborn (BsR 199)
Maghreb: Marokko, Algerien, Tunesien, von W. Herzog (BsR 834)
Marokko s. Maghreb
Nepal, von W. Donner (BsR 833)
Niederlande, von J. Schilling/R. Täubrich (BsR 817)
Nigeria, von H. Bergstresser/S. Pohly-Bergstresser (BsR 839)
Norwegen, von G. Austrup/U. Quack (BsR 828)
Kleines Österreich-Lexikon, von S. Gassner/ W. Simonitsch (BsR 815)
Peru, von E. v. Oertzen (BsR 822)
Philippinen, von R. Hanisch (BsR 816)
Portugal, von G. und A. Decker (BsR 806)
Schweden, von G. Austrup (BsR 818)
Schweiz, von M. Schwander (BsR 840)
Sowjetunion 1 und 2, von W. Feichtner/B. Seyr (BsR 245/246)
Spanien, von W. Herzog (BsR 811)
Kleines Spanien-Lexikon, von G. Haensch/ G. Haberkamp de Antón (BsR 825)
Tibet, von K. Ludwig (BsR 824)
Tunesien s. Maghreb
Türkei, von F. Sen (BsR 803)
Kleines USA-Lexikon, von J. Redling (BsR 826)

Hinweis:
In Zusammenarbeit mit dem Evangelischen Bildungswerk Regensburg bietet das Beratungszentrum „Reisen mit Einsicht“ länderspezifische Seminare für sanftes Reisen an.
Anschrift: Dr. Erwin Aschenbrenner, 8400 Regensburg, Hemauerstr. 3.
Siehe auch: „Der neue Tourismus. Rücksicht auf Land und Leute“ (Beck'sche Reihe 408).

Buchanzeigen

Rifa'a al Tahtawi
Ein Muslim entdeckt Europa
Bericht über seinen Aufenthalt in Paris 1826–1831
Aus dem Arabischen übersetzt, herausgegeben
und kommentiert von Karl Stowasser.
1989. 339 Seiten. Leinen
Orientalische Bibliothek

Annegret Nippa
Haus und Familie in den arabischen Ländern
Vom Mittelalter bis zur Gegenwart
1991. Etwa 240 Seiten,
105 Abbildungen. Broschiert
Beck's Archäologische Bibliothek

Bassam Tibi
Konfliktregion Naher Osten
Regionale Eigendynamik und Großmachtinteressen
2., erweiterte und aktualisierte Auflage 1991. 279 Seiten. Paperback
Beck'sche Reihe 384

Heinz Halm
Im Reich des Mahdi
Das Kalifat der Fatimiden in Nordafrika
1991. Etwa 430 Seiten, etwa 30 Abbildungen
mit 10 Karten. Leinen

Nagib Machfus
Der Dieb und die Hunde
Roman. Nachwort v. Doris Erpenbeck.
1989. 172 Seiten. Leinen
Beck's Archäologische Bibliothek

Stefano Bianca
Hofhaus und Paradiesgarten
Architektur und Lebensformen in der islamischen Welt
1991. Etwa 320 Seiten, etwa 215 Abbildungen,
davon 13 farbig. Leinen

Verlag C.H. Beck München